◆ 青少年成长寄语丛书 ◆

鼓励比批评更给力

◎战晓书　编

吉林人民出版社

图书在版编目(CIP)数据

鼓励比批评更给力 / 战晓书编 . -- 长春：吉林人
民出版社, 2012.7
（青少年成长寄语丛书）
ISBN 978-7-206-09135-3

Ⅰ.①鼓… Ⅱ.①战… Ⅲ.①成功心理 - 青年读物②
成功心理 - 少年读物 Ⅳ.①B848.4-49

中国版本图书馆CIP数据核字(2012)第150827号

鼓励比批评更给力

GULI BI PIPING GENG GEILI

编　　者:战晓书
责任编辑:刘　学　　　　　　　　封面设计:七　洱
吉林人民出版社出版 发行(长春市人民大街7548号　邮政编码:130022)
印　　刷:北京市一鑫印务有限公司
开　　本:670mm×950mm　　　　1/16
印　　张:12.25　　　　　　　字　　数:150千字
标准书号:ISBN 978-7-206-09135-3
版　　次:2012年7月第1版　　　印　　次:2023年6月第3次印刷
定　　价:45.00元

目　录

CONTENTS

目 录
CONTENTS

目 录
CONTENTS

目 录

CONTENTS

莫以"权术"待学生

　　在一次班主任会议上，一位教师介绍了在班级找一两个学生作为"间谍"的所谓经验，并说这样做可以充分了解学生、控制学生，将他们管理得服服帖帖。不少教师对此啧啧称赞。

　　细想起来，这种做法倒是有来源的，它的专利权本来应该属于皇帝。皇帝虽然威权无边，但以一人治天下，内心又虚弱得很，总害怕有人觊觎皇位，于是玩弄权术驾驭臣下，派出耳目窥探大臣的言行，如明朝有锦衣卫。这种权术当然容易被现在一些心术不正的头头所效法，这是一种悲哀；而有的教师也"借鉴"此法来对付学生——天真未泯的少年，则是一种不幸。这种做法践踏了他们本来纯洁的心灵，毒化了他们本来真诚的人际关系。尤其对于那一两个被班主任看中做耳目的学生，更是一种摧残和伤害。他们不能通过批评与自我批评来帮助同学，只会养成他们专事打小报告的卑劣品性。

　　当然，与那些心怀"顺我者昌，逆我者亡"的头头不同，教师这样做的出发点只是让学生不越规矩。这并无大错。但是，用权术待学生，将来也许可以为社会提供唯唯诺诺的奴才，却不是自律的公民。显然，有的教师把遵守纪律等同于俯首帖耳了。这种误解有历史和现实的原因。中国教育历来不注意尊重学生，传统教育只重伦理，实际上是变相的家长式教育。极左思潮干扰下的政治思想教育，也漠视人的尊严和价值。影响所及，有的教师难免采用一些不尊重学生的方法来驯服学生，甚至还以把学生玩弄于股掌的做法向人炫耀。忽视了加强政治思想教育，本来应该有丰富的内容和生动的方式和方法。

尊重学生，理解学生，爱护学生，这本是对一个班主任的基本要求。而应以什么样的方法去对待自己的学生，更是值得每一位班主任深思的。

（李建明）

莫在得失之间徘徊

　　就常情而言，人们在得到一些利益的时候，大都喜不自胜，得色溢于言表；而在失去一些利益的时候，自然会沮丧懊恼，心中愤愤不平，失意流露于外。这说的是一般人。也有志向高远者，他们在生活中能"不以物喜，不能己悲"，意志极强，并不把个人的得失记在心上当然，能做到这一点的人，往往是那些对人生有较深理解的大智大勇之人。

　　从情理上讲，任何人都不会一下子达到能在得失之间心平气和、冷静以待，可是，作为生活中的人，如果能面对得失，不断地警戒自己，要想达到一种新的境界也未必不能。不过，生活中如果把一个人推到必须对得失作出抉择的时候，最能看出一个人的人生观、价值观。那些对生活要求不高的人，他们就会在选择得时小心谨慎、战战兢兢，如履薄冰，这时他们在认真思考：这种得，会不会给自己的生活带来麻烦；这种得，是不是会束缚自己的手脚，使自己因有所得而失去自由，使自己在今后的人生道路上举步维艰，使自己的人格受损。古代的陶渊明是在"误落尘网中，一去三十年"（应为十三年）之后才悟出：官场是污浊的、肮脏的，他置身其中总有一种格格不入的感觉。于是，他产生了"羁鸟恋旧林，池鱼思故渊"的强烈愿望，他顿悟后高唱"悟已往之不谏，知来者之可追"，有了这一番大彻大悟，他毅然决然辞官还乡，他在得与失之间徘徊了许久，一旦大彻大悟，便感觉到无比轻松，因而，他在《归去来兮辞》中描述归来的情状时说"舟摇摇以轻扬，风飘飘而吹衣"，这种得意和轻松，千百年来，令多少人"高山仰止，心向往之"。

为什么人们会对陶渊明如此厚爱，连同他所热爱的菊花，都成了人们顶礼膜拜的美好事物呢？如果追究其中的原因，便不难发现，陶渊明的弃官还乡，是超越了得失的一种精神境界。他在得与失的徘徊中，终于战胜了自己。他的弃官还乡，从一个方面看是失去了养家糊口的凭借；从另一方面看，他在精神上却获得了极大的自由，这种自由，是什么东西都难以取代的。可以说，陶渊明的"失"，实际是一种为获得心灵放飞的"得"，在世俗的眼光看来，好像不可理解，只有那些经历过人生苦难的人，在体味了人生的酸甜苦辣之后，才会对陶渊明的做法深解其然。因为在人生中，要能做到心灵的放飞，要想不被世俗所束缚，是一件极难得的事情。正因为难得，故而可贵。

还有唐代大诗人李白，在年轻时也曾有过出仕做官的强烈愿望，但在天宝年间，他做了朝廷的翰林供奉后，才发现自己不过是供皇帝逗乐取笑的高级侍从。这种尴尬难堪的地位，李白是难以忍受的。

这样的所谓"得"，在一些人的眼里，也许是令人陶醉的，可对于生性高傲的李白来说，可谓奇耻大辱。因而，在他让"贵妃捧砚、力士脱靴"之后，便离开了他曾十分醉心的所谓朝廷。于是，他高唱"安能摧眉折腰事权贵，使我不得开心颜"以明志。这是李白在得与失之间徘徊之后作出的明智的选择，也正因为这一点，李白一生豪放，无拘无束，信马由缰，因而，他的人格精神便放射出了动人的光彩。

当然，我们不是说在生活中一定要像陶渊明、李白那样，都一味地只是放弃。而是意在说明在人生中，当你在得与失之间徘徊的时候，只要还有抉择的权利，那么，你就应当以自己的心灵是否能得到安宁为原则。只要你能在得失之间作出明智的选择，那么，你的人生就不会被世俗所淹没。

然而，可悲的是，许多人在生活中计较太多，只要一涉及自己的利益，便是锱铢必较、棍棍见血。也有人为了一己之私，置社会公德于度外。追名逐利之徒，个人利益至上，不顾一切地为个人攫取利益，他们的所得当然不少。可是一旦被人们识破，身败名裂，成为不齿于人类的败类，那些所得，不但不能给自己的人生增添光彩，反倒成了他们不可逃脱历史审判的罪证。他们为了得，失去的除了所得之外，还失去了人类最为宝贵的自由。

从这个意义上看，我们在生活中，面对得失一定要有清醒的头脑，一般的原则是：不要把得看得太重，在每种得的后面，都可能潜藏着失，只是那些短视的人，一见眼前利益，便看不见背后的隐患而已；而每种失的后面也有可能潜藏着得，只不过一般人因为目光短浅对此不做深入分析，只看到是一种失，便避之唯恐不及，从而与"失中之得"擦肩而过。

在得失之间徘徊的人们啊，一定要给自己一个清醒的决定。

（田永明）

钱币的两面

一位朋友去百货大楼为孩子买转笔刀，他买两只需要花5元钱，他把十元钱递过去，售货员却找了他九十五元。显然，对方把"10圆"当成了"100圆"。他接过钱后，心跳迅速加快，他想快步离开，但是，他觉得那样也许会引起售货员的警觉和注意。他站了一会儿，一边观察对方的表情。一边煞有介事地盯着某些商品，像是打算再买些什么。

柜台外面的人越来越多，他的情心平静下来；接着，心意陡转，他改变主意了，他想把多找的钱还给那位售货员小姐。他站在那里，等待顾客慢慢散去。

这期间，另一个小姐走过来，问他买什么，他用下巴示意了一下，意思是"我在等她"。另一个小姐似乎理解了他的意思，心领神会地笑了一下，走到那个售货员身旁耳语了几句。他看出那个找错钱的小姐羞涩一笑，朝他看了一眼，又鄙夷地做了个撇嘴的动作。

他向她们凑过去，还没来得及张口，两个售货员就笑起来。他的脸莫名其妙地红了。

　　再等了一会儿，他见时间不早了，就对找错钱的售货员说："我买这个……"他用手指了指柜台的另一端，小姐跟着他来到离另一个小姐最远的地方。

　　"刚才你找错钱了。""不会吧？"那位小姐不高兴听到这样的话。"你多找了我九十块。"他一边说一边从口袋里把早已准备好的钱递了过去。对方被他的行为感动了，露出了歉意的笑容。"谢谢，谢谢……"他说他永远不会忘记那个姑娘那种负疚和赞赏的眼神。

　　我觉得这个故事有漏洞，很多细节经不起推敲。"现在的营业员见了大票子又是照光又是听扯动发出的响声，甚至拿到验钞机上验证真假，怎么会看错呢？再说，真的是对方找错了，既然你打算把钱再还给人家，付出那么大的耐心磨蹭又为什么呢？还有……"我的发难使朋友尴尬。

　　他说："她不是少找了钱，而是多找了，这种事有损她的自尊心，一旦被身边的同事听到，她脸上肯定挂不住，再说，如果她的那位同事将此事反映上去，她当月的奖金肯定泡汤了，说不定还要挨批评……"

　　后来，我思考了这件事的全部过程，朋友一开始试图携"款"溜走，他站住了，冲动渐息，理智占了上风，从头至尾完成了从感情用事到理性思考的全过程。我们谁都无法准确并毫不疏漏地描述他繁复庞杂的心路历程，但有一点是可以肯定的，那就是在他决定把错找的钱退回去时，他心中的"善"将"恶"驱逐得一干二净。

"金钱"不是好东西，也不能说它代表了"恶"，而它却常常把人身体中的"恶"呼唤出来。人性之恶是人生的顽敌，从这个角度上看，一个人的一生就是同"恶"战斗的一生。

　　"金钱"又是个惹人喜爱的东西，许多美好的事物和善良的心愿都必须靠它去实现和表达。有些外币的票面上，印着一些警示性的格言和谚语，比如"金钱量度人心""光明的眼睛永远看不见金钱的黑暗"等，这种办法很实用，人在关键时刻是需要提醒和指引的。

　　朋友说，每次见孩子使用转笔刀时，他都想对孩子坦言这件事，以反面教材教育后代，可是他至今没有获得勇气。他觉得孩子掌中的小小的刀刃下，一层层剥落的木屑好像是从自己身上削下来的；他还说，他感到了切肤之痛，他说这种疼痛就像当年切除腹中阑尾一样——他把他的这次经历看作是一次手术。

（力夫）

在赞扬中成长

  每个人对赞扬都怀有一份特殊的感情，渴望赞扬乃人性使然。黑格尔在他的《生活的哲学》里讲述了一则故事：一个被执行绞刑的青年在赴刑场时，围观人群中有个老太太突然冒出一句："看，他那金黄色的头发是多么的漂亮迷人！"那个行将永别世间的青年闻听此言，朝老太太所站的方向深深鞠了一躬，含着泪大声说："如果周围多一些像您这样的人，我也许不会有今天。"

  生活离不开赞扬，赞扬伴我们成长。忧郁的人有了赞扬，眼里的天空会突然蔚蓝起来，继而发现周围的一切并非都是想象中的不尽如人意，有些事物甚至是那么美好，枯燥的生活一天天滋润；自卑的人有了赞扬，信心和勇气陡增，困难和挫折变得渺小起来，胆怯抛到了脑后，更拥有一份自信。有人总结：赞扬，是人生前行路上的"助推器"，一次不经意的赞扬，有时能改变人的一生。

  要赢得赞扬，首先要学会赞扬。当别人取得成绩、赢来收获时，哪怕是一点点，都要及时予以肯定；当朋友和家人因为缺陷或受失败的困扰，准备自暴自弃、消沉退却时，要即刻送上一份真诚的赞扬，帮助他树立起战胜困难的信心。须知，赞扬别人，凝固了相互间的感情，找到了正确看人的定位点。更重要的是，从别人的闪光处，看到了自身的不足，增强了学习他人、完善自己的紧迫感。

生活中有这么一些人：有的因为长期被赞扬声包围，飘飘然起来，只听得溢美之词，听不得半句逆耳之言，渐渐失去了自我；有的为了得到赞扬，弄虚作假，欺上瞒下，而他受赞扬的背后，是一片埋怨甚至不齿的骂声；有的为了私利，曲意逢迎媚悦上级，用廉价的好话糊弄下级，恣意玷污赞扬。须知，赞扬是肯定更是鞭策；赢得赞扬靠踏踏实实的劳动，需要实实在在的成绩；赞扬，拒绝虚伪庸俗。透过赞扬，能看出一个人的人品官德；善待赞扬者，赞扬助其进步，玩弄赞扬者，迟早要受到生活的惩罚。

我们常常遇到这样的情形，应该受到赞扬而未被赞扬，甚至还被误解。尤其在是非曲直模糊或者颠倒的地方，这种现象更突出。比如：救人者被误认为肇事者，清廉反被认为死板或没有魄力，做好事反而受嘲弄，等等。这个时候，不妨自己赞扬自己，自己给自己喝彩，用自己的掌声为心灵留住一片洁净的绿地，在人生中书写无悔的诗章。

让我们都在赞扬中成长！

（江一顺）

宽容是一种爱

有一首小诗这样写道："学会宽容／也学会爱／不要听信青蛙们嘲笑／蝌蚪／那又黑又长的尾巴……／允许蝌蚪的存在／才会有夏夜的蛙声。"

宽容是一种爱。

在激烈的竞争社会，在唯利是图的商业时代，宽容同忠厚一样都成了无用的别名，让位于针尖对麦芒的斤斤计较，最起码也成了你来我往的AA制的记账方式。但是，我还要说：即使在再复杂的为人处世之中，宽容也是一种爱。

18世纪的法国科学家普鲁斯特和贝索勒是一对论敌，他们对关于定比这一定律争论长达9年之久，各执一词，谁也不让谁。最后的结果，是以普鲁斯特胜利而告终，普鲁斯特成为定比这一科学定律的发现者。普鲁斯特并未因此而得意忘形，据天功为己有。他真诚对曾激烈反对过他的论敌贝索勒说："要不是一次次的质难，我是很难深入地研究下去这个定比定律的。"同时，他特别向公众宣告，发现定比定律，贝索勒有一半的功劳。

　　这就是宽容。允许别人的反对，并不计较别人的态度，而充分看待别人的长处，并吸收其营养。这种宽容是一泓温情而透明的湖，让所有一切映在湖面上，天光云色、落花流水，便都蔚为文章。这种宽容让人感动。

　　16世纪的德国天文学家科普勒年轻尚未出名时，曾经写过一本关于天体的小册子，被当时已久负盛名的丹麦天文学家第谷发现。当时，第谷正在布拉格进行天文学的研究，繁忙当中，他向无气名又素不相识的科普勒发出邀请，请他和自己一起共同研究天文学。科普勒得此消息当然非常高兴，立刻偕妻带女星夜兼程前往布拉格。谁想好事多磨，刚走到半路便病倒了，贫穷得身无分文，是第谷得知后给寄来了钱才使得他一家来到布拉格。但由于妻子的缘故，他和第谷产生了误会，只是因为自己没有马上受到国王的接见，便怪罪于第谷，认为是第谷使的坏，很不冷静地给第谷写了一封信，毫无缘由地谩骂了第谷一通，不辞而别。第谷是个脾气极其不好的人，容易激动恼怒，但对于科普勒，他出奇的平静，他太喜欢这个年轻人了，他觉得这个年轻人富有才华，是极有发展前途的，便对秘书说："请立刻代我写信给科普勒，把事情的原委告诉他，说我和国王都是欢迎他的。"第谷的胸怀感动了科普勒，他惭愧地第二次来到布拉格。和第谷合作不久，第谷就身患重病，卧床不起。临终前，第谷将自己所有的资料和观察星辰的底稿都毫不保留地交给了科普勒，科普勒后来根据这些资料和底稿整理出来著名的《路德福天文表》。

这就是宽容。误解、谩骂、忘恩负义，都不去计较，并在临终之前将一份最珍贵的信任托付给他。这种宽容是一片宽广而浩瀚的海，包容了一切，便也化解了一切，裹携着你跟随着他一起浩浩荡荡向前奔涌。这种宽容让人钦佩。

宽容就是一种爱。爱的最高境界不是索取，而是付出和给予。宽容，从某种意义上讲其实就是一种付出和给予。

我们的生活日益纷繁复杂，头顶的天空并不尽是凡·高涂抹的一片灿烂的金黄色，脚下的大地也不尽是水泥方砖铺就的天安门广场一样平平坦坦。不尽如人意、不顺心、烦恼、忧愁，甚至能让我们恼怒、无法容忍的事情，可能天天会摩肩接踵而来，才下眉头，却上心头，抽刀断水水更流。我所说的宽容，并不是让你毫无原则去一味退让。宽容的前提是对那些可宽容的人或事；宽容的内心是爱。宽容不是去对付，去虚与委蛇，而是以心对心去包容，去化解，去让这个越发世故、物化和势利的粗糙世界变得湿润一些，而不是什么都要剑拔弩张，什么都要斤斤计较，什么都要你死我活，什么都要钩心斗角。难道我们的面前还会出现比普鲁斯特和第谷还多的责难、反对、误解、谩骂乃至忘恩负义并背道而驰那样严重的烦扰吗？我们为什么不能多一分宽容给予对方，多一份爱给予这个世界，即使我们一时难以做到如普鲁斯特一样成为一泓深邃的湖，更难以做到像第谷一样成为一片宽广的海，我们起码可以做到如一只青蛙去宽容蝌蚪一样，让温暖的夏夜充满嘹亮的蛙鸣。我们面前的世界不也会多一份美好，自己的心里不也多一些宽慰吗？

宽容是一种爱，爱你的对手，爱这个世界，我们面前的道路才会无限宽广，我们的朋友才会越来越多，我们的烦恼就会随之减少，我们的笑容就会随之增多。斤斤计较的人、工于心计的人、心狠手辣的人……可能一时会占得许多便宜，或阴谋得逞，或飞黄腾达，或春光占尽，或独霸鳌头……但不要对宽容的力量丧失信心。用宽容所付出的爱在以后的日子里总有一天一定会得到回报，也许来自你的朋友，也许来自你的对手，也许来自你的上司，也许来自时间的检验。

学会宽容，也学会爱——这真是一句好诗。去努力学会它吧，在人生中，有许多美德正在无情、无端又无奈地在流失，其实许多美德是人类精髓的冶炼和结晶，是值得我们学习和珍惜的，宽容是其中一种。宽容确实是非常美好的。宽容是吹开花朵的温柔的清风，是吹落阴云的湿润的雨花，是容纳大树也容纳小草的田野，是接受百鸟飞翔、欢迎风筝飞舞、允许阳光普照暴雨倾盆的天空……

宽容，是我们自己一幅健康的心电图，是这个世界一张美好的通行证！

（肖复兴）

善待批评

　　一位刚到单位工作不久的大学生，因违反了规章制度而受到单位领导的批评教育。对此，他左思右想，觉得是别人和自己过不去，自己难以和环境相容，最终要求辞职。生活中诸如此类的事例很多，因此，对我们自身的失误和别人的指正，我们应当有一个正确的态度：善待批评。

　　"人非圣贤，孰能无过"。圣人的名言永远闪烁着真理的光辉。人是社会性的人，无论是谁，都依存于一定的组织结构之中，不可避免地扮演着一定的社会角色，因而也必须遵守给这一角色所拟定的种种规则，成败与否是别人的评价，是社会的"说法"，而不是你自己的自以为是。无论是伟人还是凡人，由于自己的水平、价值取向、时空环境和认知程度等因素的差异，自己的所作所为跟社会规则或多或少地存在着一些偏差，犯错误也就不可避免。当前正处于经济结构大调整阶段，分配机制的重组，价值取向的趋异，认识方法的参差不齐，导致对同样一个事物可以得出不同甚至截然相反的结论，所有这些，都进一步验证了无论是谁都会在为人处事干工作上犯这样那样的错误。犯了错误并不可怕，关键在于你如何去认识和改正，别人的批评既是对你的关心和爱护，又是对你的一种尊重和信任。因此，我们没有必要替自己"护短"，对批评不屑一顾、反唇相讥或打击报复的态度都是不足取的。

对待批评需要的是一种理性，一种谦虚，一种真诚。因为错误不会因为你拒绝批评而自动消失，它只不过借助你的掩耳盗铃而隐蔽得更深，一旦你恶待批评，其反作用也必定会在以后的工作中更多地表现出来。从另一个层次来讲，表扬也好，批评也罢，撇开主观色彩不说，都是对事对人的一种客观评价，表扬是一种肯定，可以鼓励你的勇气，批评是一种指正，可以帮助你校正航向，使你少犯错误。所以，我们应当像对待表扬一样善待批评。楚霸王项羽被亚父范增骂作"竖子不足与谋"，恐怕与其偏听偏信、听不进别人的批评和建议有很大的关系，假如鸿门宴前听取范增的建议，斩刘邦于宴上，或日后用心听取批评，亦不至于最终众叛亲离，使自己成为"失败的英雄"。刘邦则恰恰相反，善于听取韩信、萧何、张良等人的建议和批评，不断调整自己的战略战术，反使自己成为"成功的流氓"。

有的人对小米加步枪的共产党能打败用坦克大炮武装起来的八百万国民党军队感到很困惑，其实只要看看作为共产党人三大作风之一的批评和自我批评，再听听毛主席的名言：虚心使人进步，骄傲使人落后，也许可以从中品出些缘由。如果共产党人不善于接受批评和进行自我批评，不能够正确对待自身的缺点和不足，不接受党内外有识之士的批评监督，就不会有新中国的诞生，就不会有十一届三中全会的思想大解放，就不会有社会主义市场经济的大发展。可见，善待批评是一个国家、一个民族、一个政党走向成功的重要思想武器，大事如此，小事亦然。就个人而言，善待批评更是一种生命成熟的美，是一种人生的大度和宽容，更是高质量生活的重要标志。林则徐说："海纳百川，有容乃大。"的确，生命需要鲜花和掌声为你的成功喝彩，但也需要有人给你挑挑刺，给你适当地泼泼冷水，免得你不知天高地厚或得意忘形。批评可以帮助你认识自己，使你的缺点一览无余。善待批评是你走向更大成功的源头，反之，恶待批评则是走向失败的起点。

批评是不分职务、身份和年龄的，上级可以批评下级，下级也可以批评上级，长辈可以批评晚辈，晚辈也可以批评长辈。当然，由于对象、场合、地点等背景的不同，对批评的接受程度可能是两种完全不同的反映，这就需要批评者有一定的技巧，把握好批评的方法、方式和尺度。只要批评不是恶意地放大别人的不足和缺点，你的苦心和真情一定会被别人理解和接受，被批评者也一定会从中得到借鉴和收益。

（李金彪）

批评的善后

在工作中，领导对下属的批评都是在所难免的，而且是很正常的，目的是为了搞好工作。但就心理上讲，人总是喜欢得到表扬，害怕受到批评。为此，无论你是和风细雨式的批评还是疾风暴雨式的批评，只要是批评，在达到一定效果的同时，总会引起一些不同程度的负效应，而这些负面的效应往往可能产生某种消极的影响。这就要求当领导的特别是做思想政治工作的政工干部，在下属受到批评或对下属批评之后，还要及时做好批评的延续和完善工作，这就是批评的善后工作。批评要讲方法、讲艺术，善后工作同样要讲方法讲艺术。如何做好批评的善后工作，我以为应从以下几个方面入手。

一、跟踪观察，看其反应

心理学表明，任何一个人因过错或偏差受到批评后，都会产生某种反应。做好批评的善后工作，就必须及时地对批评对象的心理和行为进行观察，获取反馈信息，并根据其心理的行为的表现程度，采取不同的后续教育方法。在观察过程中，主要注意被批评者对自己的过错和行为有无逐渐矫正；工作中有无消极情绪；在群众中有无言行的反常现象。善于接受批评的人或遇方法得当的批评，被批评者又能认识到自己的过错，能正确对待领导的批评，除在心里产生一种羞愧之感外，不会有何明显的情绪表露，还可能很快在工作和生活中改正错误。而不能认识自己的错误，不能正确对待批评或遇方法欠妥的批评，则对领导的批评想不通，甚至把这种不满情绪化为语言和行动在群体中极力地表现，比如说三道四，牢骚怪话，装病躺铺板，做反工作，攻击批评者等。所以，观察了解其反应，是做好批评善后工作的基础。

二、疏导沟通，化解矛盾

批评者与被批评者本身就是一对矛盾，而方法欠妥的批评则更易产生大的矛盾甚至激化矛盾。比如，在部队我们常听到这样一句话："军事干部直炮筒，政工干部弯弯肠，后勤干部算老账。"这虽是一种显得很偏颇的玩笑话，然而这类似的批评方式却不能说没有。前者心直口快，方法简单，不分对象，不论场合，使被批评者难以接受，产生对抗心理；后者虽然注意方法，却由于常常把不准下级的心理脉搏，不免使人觉得装腔作势，阴阳怪气，转弯抹角，含沙射影，旁敲侧击，挖苦讽刺，便被批评者自尊心或人格受伤害而产生屈辱心理；再加上一些人不注重运用正确的方法，容易抠人伤疤，揭人老底，戳人痛处，再冠以"经常、一贯、屡教不改"等词，把一次过错说上一年两年，使被批评者产生逆反心理。这些心理反应凝结在心而得不到及时消除，就会造成矛盾的激化。化解矛盾的良方是疏导和沟通，帮助其消除心理郁闷和对立情绪。最好的办法是批评者首先对自己的批评方法进行矫正，批评错了的应及时为之挽回影响，对正确的批评应继续坚持，并以理服人地说服教育，帮助改正错误，鼓励搞好工作。

三、注重方法，强化效果

做好批评的善后工作，不是叫你当和事佬，无原则地进行调整，要既坚持原则、肯定批评的正确，又化解误会和隔阂，强化批评的效果。因此，一是要基于被批评者的自尊心理给予信任和尊重。根据人的心理特点，一旦受到批评，会对别人的理解、信任和尊重产生强烈的愿望。如果批评后就带着成见对其疏远和回避，甚至厌恶和反感，不关心，不过问，不信任，就等于加重他自暴自弃和对立的情绪，也就达不到批评的目的，更不可能见到批评所发挥出的神奇效应。二是辩证看待、表扬和肯定。看待一个人，不能以为一错就百错，应当在对其所犯错误进行批评的同时，对他所取得的成绩以至微小的进步给予表扬，如果只看到过错的一面而忽视他的优点，你必将挫伤他改正错误和干好本职工作的信心。三是引导被批评者关系密切的人做工作和注重群体感应效能。一方面及时消除群体中一些人的歧视态度，另一方面及时做好关系密切者的正面引导，防止和避免因同情而指责领导的批评，引导他们共同为之消除消极情绪，帮助和鼓励被批评者改正错误，放下包袱，轻装上阵，积极做好各项工作。

（杨鸣）

人生的第一个约定

那一刻，她惊呆了！

站在幼儿园门口，她看见自己三岁的女儿，正被一个比女儿略高的男孩，左右开弓地扇着耳光。她本能地用目光寻找老师，发现老师正在背对着整理东西，老师显然没看见这一切。

她怒不可遏地冲进了教室。

冲到女儿和男孩面前，她扬起了自己的右胳臂，手掌愤怒地张成扇形，向着男孩，抡了过去。

女儿看见了她，带着哭腔，喊了她一声："妈妈！"

男孩惊愕地瞪大了眼睛，他的两只小手掌，僵硬地停在空中。

"啪！"

女儿桌上的一个玩具，掉在了地上。女儿又喊了她一声，"妈妈！"

她的手掌，在离男孩的脸三厘米的地方，停了下来。平静了一下，她将手掌反转过来，搭在了男孩的肩上，另一只手抚摩着女儿的头。

她蹲下身，眼睛盯着男孩，男孩迟疑地往后退缩。她指指女儿，对男孩说，我是她的妈妈。

男孩恐惧地看着她。

她问男孩，几岁了？男孩怯怯地告诉她，四岁了。她对他说，那么，你是哥哥。哥哥怎么能够打妹妹呢？

男孩不好意思地低下了头。

她又问他，哥哥应该怎样对待妹妹？

男孩想了想，轻轻地说，保护妹妹，像爸爸保护妈妈一样。

女儿扑哧一声，笑了："没羞。"她也笑了，对，像个男子汉一样。可是，你今天却打了妹妹。

男孩重重地低下头，我错了。

那你今后，还会打妹妹吗？她问男孩。

男孩抬起头，坚定地摇摇。

她伸出右手的小拇指，那我们拉钩。

男孩好奇地看着她，犹疑地伸出了手，看着自己的五个手指，不知道怎么做。她看出来了，男孩从没有与人拉过手指。她告诉他，用小拇指拉钩。

男孩弯起小拇指，和她的小拇指，钩在了一起。男孩的脸，激动得通红。

她对男孩说，拉得越紧，越要做到。男孩抿着嘴唇，手指用力地紧紧钩住她的手指。

女儿也好奇地伸出小拇指，和他们的手指，钩在了一起……

这是发生在一个朋友身上的真实故事，这个朋友，就是那位男孩。如今，他自己也做了爸爸。每天送孩子上幼儿园，他还会时不时想起那一幕。这是整个幼儿园阶段，他唯一清晰记得的一幕。后来，他和那个女孩，成了小学同学，又上了同一所中学，直到高中之后才分开，上了不同的大学。他说，很感谢那位女同学的母亲，当她愤怒地冲到他面前的时候，他吓坏了，以为一定要挨一顿暴揍。他绝没有想到，她不但没有打他，还和他拉钩，那是他第一次与人拉钩。那一钩，是他人生的第一个约定，这个约定，他坚守至今。从此之后，他就像保护自己的妹妹一样，处处保护着那个小女孩。他也再没有欺侮过任何其他同学，特别是女同学。

我特别钦佩那位母亲，她成功地化解了一次孩子间的纠纷，并且，将她的大爱，像一颗种子一样，埋在了另一个孩子的心中。

（孙道荣）

知　悔

　　人非圣贤，孰能无过。对过去的作为或没有做到的事感到懊悔，这本是人之常情。遗憾的是，许多人仅仅是在后悔，并在后悔中反反复复地纠结，直至最后沉沦。这些人看到的是后悔悲观的一面，所以他们只知后悔苦，而不知后悔的真正意义。

　　浅层面的后悔是一种难以医治的心理病毒，其实，后悔是一种觉悟、一种惊醒、一种对错误的自我反省。而反省，既是向过去说再见，同时也是一条补救的途径。它是知错改错的前提，更是转败为胜的发现。所以，我宁愿做过了才后悔，也不要错过了才后悔；宁愿错过了才后悔，也不要错过了还不知悔。

　　知悔，是在后悔中自我反省、总结的一种经验提升。知悔需要追悔，要认清本质，校正现在，展望未来；需要勇气，勇于亮相，需要将低头埋怨改为昂头纠正；需要奋起，与其用泪水悔恨昨天，不如用汗水拼搏今天。不论你从什么时候开始，重要的是开始之后就要奋勇前进；不论你在什么时候结束，重要的是结束之后就不要在悔恨中沉沦。

无悔是一种假想，思悔是一种成熟，改过是一种美德。让悔恨闪光，让追悔升华，让后悔成就一个完整的人生。但，要用最少的悔恨面对过去，用最少的浪费面对现在，用最多的梦想面对未来。

　　知悔需要勇气。面对悔恨，并不是所有的人都能够勇于面对，但是不能否认的是，只有勇于撕开伤疤，我们才能知道错在哪里，哪里能够补救，也才能吸取教训。其实撕开后悔的伤疤并没有我们想象的那么难，即使疼痛，也是一时的。与一世的时间相比起来，一时的疼痛真的不算什么。如果有勇气面对，我们以后就有胜算；如果没有勇气面对，那我们就只能背负一世的后悔，而遗憾终生。

　　知悔需要理性。哭泣确实能缓解心中的悲痛，但是哭泣并不能解决问题。这时，我们需要的是理性的思考与果断的行动。先把感性抛在一边，翻开我们的"账本"，一条一条地梳理，然后对症下药，根治自己的过错。等我们把"药"吃下去后，我们就会发现，其实事情并没有我们想的那么糟，只要我们愿意，事情总会朝着好的方向发展。

　　人生之路从来不会以完美的形式呈现在我们面前，而后悔，正是以一种悲痛的方式为我们提供了一条走向成熟的路径。从这个层面上来说，我们应该感谢后悔，它不仅成为我们人生中的一部分，而且更是鞭策我们不断成长的助推器。经历了才会懂得，懂得了才会更好地运用，我想，这就是"悔"给予我们最大的生命意义吧！

（宋守文）

良心赋予的自由

他是个经验丰富的老"的哥"，开了十多年出租车。晚上11点多钟，天下着瓢泼大雨，他开着红色捷达赶回去交班。

突然，一个黑影横穿马路。他紧急刹车，但是距离太近，根本刹不住。砰的一声闷响，黑影应声倒地。坏了，撞到人了！他立即靠边停车。救人要紧，他赶紧摸了把手电筒，打开车门，跑到马路中间找人，却不由得吓得魂飞魄散。眨眼的工夫，人居然不见了！

难道是幻觉？可是，躺在地上的那辆变形的自行车却明明白白地告诉他，刚才的确发生了事故。扩大范围继续搜索，可依旧活不见人，死不见尸。雨越下越大，他浑身湿透。此时四处无人，他如果驾车离开现场，肯定神不知鬼不觉，再也不会有麻烦。这个念头刚冒出来，他就骂自己不能没有良心，必须尽快找到伤者，说不定还有救。

他拿出手机，用颤抖的手指拨通了110。"警察同志，我刚才开车撞到人了！"值班的警察说："我们马上派人过去，你别紧张，想办法先救人。"他说："没法救，我找不着人。"警察沉默片刻："你是不是喝酒了？"警察以为又是醉汉打骚扰电话，这种事情经常发生。他赶紧解释："我没喝酒，真的撞到人了，你们快来帮忙找人。"警察说："那好，你别走开，注意保护现场，交警马上就到。"打完电话，他心里稍微平静了些。他哪知道，就在他焦急地等待警察时，一公里以外的地方，另一个司机也差点灵魂出窍。

一辆小货车停在路口等红灯，后面的车子忽然向他狂按喇叭，司机不知道出了什么事。这时，一个骑摩托车的人过来告诉他，你车底下挂着一个人！司机大惊失色，赶紧下车，赫然看到车底下挂着一个中年妇女，早已断气！司机不由得魂飞天外，立刻报警。

两件事前后不过几分钟，交警很快查明了真相。前面那位"的哥"发现撞倒人后，立即靠边停车。紧随其后的货车司机并不知情，依然向前正常行驶，刚好把倒在地上的妇女挂住。雨夜视线不好，货车司机毫无察觉，拖着人继续往前开，直到在路口被红灯拦住，才被后面的人发现。而此时"的哥"还在原地找人，做梦也想不到，人已被拖到了一公里之外的地方。

依据案件事实，交警划分了事故责任："的哥"负主要责任，货车司机负次要责任。法律规定，交通事故致人死亡，负主要责任以上的，就要承担刑事责任。"的哥"因涉嫌交通肇事罪被刑事拘留，将面临最高三年的有期徒刑，而货车司机不用坐牢。很离奇的连环事故，假如"的哥"撞人后逃逸，货车司机可能会有牢狱之灾，因为死者是在他的车底下发现的，怎么也说不清楚。"的哥"本来想救伤者，却无意中救了后面的货车司机。

这个案子后来转到我的手上。我在看守所见到了那个"的哥"，是个黑瘦的中年汉子，眼睛明亮。我说，你是好人。假如你当时一走了之，隐瞒不报的话，今天坐在这里的，可能就是后面那个货车司机。他笑了笑，这我可没料到。当时只想救人，这是一条命，我不能见死不救，否则一辈子都会良心不安，这不就等于判了自己无期徒刑吗？现在，我顶多坐三年牢就出来了，不吃亏。他脸上的表情轻松自在，完全不像失去自由的人。

很潇洒的"的哥"，我忘不掉那双明亮的眼睛。但求问心无愧，无论身在何处，他都是自由的。这自由，是良心赋予的，真善而高贵！

（姜钦峰）

沟通改变命运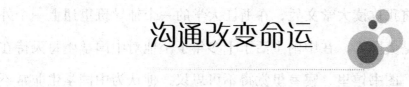

　　漫画家朱德庸说："沟通不是为了进步，而是为了让别人退一步；沟通的目的，有时不是相互了解，而是为了搞清楚谁才是老大。"虽是调侃，但有智慧。

　　有两位中国留学生到美国哈佛大学深造，两人在国内都是高才生。到了美国后，他们在语言上遇到了麻烦，两人被邀请参加美国学生的聚会，美国人之间的交谈，他们听不明白。其中一位心生怯意，不愿再参加这样的聚会，而选择中国学生之间的聚会；而另一位留学生不这么看，他觉得到美国来并不是简单地学知识的，如果与美国同学打成一片，这些美国同学将是他宝贵的财富。他经常参加美国同学的聚会，也努力表达自己的思想，虽然他的语言让美国同学听起来生硬，但他们都觉得这个中国学生与众不同，乐意把他当成朋友。不久便与美国同学融在了一起，不仅语言方面有了突破，而且后来还当选为学生会副主席。

　　我们看一些成功者，往往只看到他们光辉的奋斗史。但如果冷静地分析一个个成功的样本则会发现，凡是成功者都有自己一套与人沟通的本领。他们总是不断地推介自己，让别人了解自己，接纳自己。

以前我攻读大学文凭，在浙江大学的一个辅导班里遇上一个外教，他是美国人，在中国生活了十多年了。他对中国学生每天待在校园里、图书馆里、寝室里觉得不可思议，他认为中国学生非常不善于社交。他说美国的校园里到处都是社团，每个周末，学生们都会到酒吧里去聚会，大家一起交流，这是学习的一部分。而中国学生如果这样干，就会被认为"不务正业"了。

原先有人说"知识改变命运"，现在有人认为"沟通改变命运"，这是一个不小的进步。现在市场上也出现了不少沟通技巧方面的书籍，教你如何有效沟通，玩起了"技巧派"，这又走向了另一个极端，其实"沟通"是一种根植文化，是需要潜移默化进行熏陶的，并不是看几本书就能学到的。这种"技巧派"速成的"沟通行家"，迟早会出问题，怎么与人沟通，与社会沟通，需要文化熏陶，更需要长期积淀。

表达自己，沟通别人，看似一件平常事，实则有体制、文化等因素。在这个人人都是发音器的传播时代里，"沟通者成大业"，越来越被人们所认同。

（陆永强）

别再挑剔

看过无数男女，相互之间经常苛求对方，以致双方情绪压抑，束缚难忍。慢慢相互隐藏秘密，彼此互相防备，心隔渐远。后来，他们不再要求，或也无力去要求对方。剩下的只有挑剔，挑剔之时更是苛刻非常，终令双方都无法忍受。于是，最终成为路人。

也看到过许多家长与孩子之间，家长经常要求孩子按照自己的想法做这做那，孩子根本不理解家长的意图，觉得父母对自己只有挑剔和不满，没有理解和疼爱，心理距离便逐渐拉开。反过来有些孩子对自己的父母，也是诸般要求，不断地挑剔抱怨。导致父母感觉孩子太不懂事，不懂得感恩与体谅，双方的情感失去和谐亲密，在互不理解中，变得遗憾重重。

人们往往都习惯于用自己的思维去要求别人。对孩子、长辈、爱人，或是同事、下属、上级，甚至包括对社会，有着很多主观性的成见，而忽视了对方的角度、感受。其实，每一个人的生活环境与境遇都是不同的，即便是生活在同一个屋檐下的亲人们，也因为年龄和经历的差异，对生活、对社会、对世事，有着千差万别的看法。要求他人太多，其实是一种主观、自私的表现。

有生活经历的人，或许都有着一些聪明与智慧之处。对他人的要求，都是希望对方更好，也是希望自己的经验能够使他人少走弯路，不重蹈覆辙。

对亲人的挑剔也往往是"爱之深，恨之切"，对孩子更是"望子成龙""恨铁成钢"。然而，应该意识到的是，每个人的思想、性格和习惯是千差万别的，思维的惯性支配着各人的行为。所以，想让别人接受自己的观点和说法，正确的方法应该是寻找正确的契合点，耐心引导，适度表达，而不是苛求和责备。

在与他人的相处中，要想达到和谐共处，共同进步，就必须减少主观上对对方的要求与挑剔，多一些设身处地与感同身受，多一些从容自然的交流与理解，多一些用心的付出与耐心的等待。只有这样，才能更好地表达自己，也更多地被对方接受。

（洪少霖）

微笑里的愤怒

几百年来，意大利文艺复兴巨匠达·芬奇的传世名作《蒙娜丽莎》以其神秘的微笑倾倒世人。画中的蒙娜丽莎，从微笑中不仅显示出她的温雅、高尚和愉快，也显示出对新世界和新生活的欢欣和满足。这里没有丝毫的怀疑和恐惧，没有中世纪画家笔下人物的呆板、僵冷和对世界充满恐惧的踪影。

蒙娜丽莎是一个充满着青春和生命力的有血有肉的形象。因而几个世纪以来，人们对它永恒的魅力怀有持续不减的热情。至于这微笑背后的真正含义，由于世人各有解读，从而成为艺术史上的一大谜团。

最近，荷兰阿姆斯特丹大学的科学家发明了一种"情绪识别软件"，这种软件通过一种运算法则，首先根据数据库中年轻女子脸部制出一个"一般表情"模本，再通过与此模本比较嘴唇和眼部周围皱纹的弧度等脸部关键特征，识别人类情绪。目前这款软件能识别6种基本情绪：开心、惊奇、愤怒、厌恶、恐惧和悲伤。

借助计算机"情绪识别软件"，阿姆斯特丹大学的科学家发现，

"蒙娜丽莎"的微笑中共包含4种情绪：83%开心、9%厌恶、6%害怕、2%愤怒。

微笑里含有2%愤怒，听起来让人匪夷所思，但正是这极少部分的愤怒却让微笑充满了神秘，也展现了时代的巨大思想蕴含和艺术造诣的惊人深度，让这幅价值连城的画成为人类历史上手工艺术品的顶级瑰宝。因而这2%的愤怒丝毫不能影响她的美丽。

任何人都不是百分之百的完美，那些有缺点的人请记住这句话：只要我们有一颗执着和乐观的心，坚持正确的方向，光明和希望就会在不远的前方。

（王林峰）

为何总是让孩子抢跑

　　有人调侃现代教育，中国的家长总习惯这样——3岁：孩子，我给你报了少年班；7岁：孩子，我给你报了奥数班。15岁：孩子，我给你报了重点中学。18岁：孩子，我给你报了高考突击班。23岁：我给你报了公务员。父母一直在为孩子操心，为孩子忙碌。于是，有人说：中国的家长最累。

　　没有哪个家长愿意让孩子输在起跑线上。于是，我们就看到了，在成才的起跑线上，总是有频频抢跑者，殊不知，抢跑是一种犯规的行为，在真实的田径赛场上是要被罚下场的。望子成龙、望女成凤一直是中国家长的固有观念。孩子刚刚咿呀学语，就要学习幼儿园的知识；到了幼儿园，要学习小学的知识；到了小学，要学习中学的知识。总要"抢一步"，要让孩子比别人强。作为家长，更是辛苦：要工作，要忙家务，还要陪孩子读书。一旦孩子考试成绩不尽如人意，家长比孩子还上火。

　　原国家总督学柳斌讲了一件事。柳斌去某地考察教育，当地一个人非要见他，说他能让3岁的孩子学会3000个字。柳主任不想见他。在考察结束时，这个人竟带了一群3岁的孩子和一群记者在门口等柳主任。说："柳主任，你随便考，看这些孩子是不是能认识3000个字。"柳主任说："你让孩子和记者都回去，我单独跟你谈。"柳主任说："我相信，每个孩子都能认识3000个字，这无非是训练的结果。"面对刻苦训练的结果，柳主任痛心地说："这种以孩子童年为代价的'起跑'是误人子弟。人生不是短跑，而是马拉松。起跑快出几秒对漫长的长跑来说是不起作用的。""展望今天的教育现状，分数承载了太多的期望，学习承受了太重的压力，童年背负了沉重的包袱。"事实上，这样的"抢跑"，是孩子背负着父母的理想在"比赛"，会在孩子的心目中留下阴影的，对孩子走好漫长的人生路会有不良的影响。

父母可以帮助孩子规划人生，却不能代替或者陪伴孩子走过一生。孩子的自强、自理、自立能力，甚至比高分更重要。不让孩子输在起跑线上，是一个可悲的标准。在这个标准下，父母甚至会提出不切合实际的过高要求，无论孩子怎样努力，都不可能达到这个高度。父母的急功近利，无异于拔苗助长，会给孩子造成过重的心理负担。

"抢跑"固然重要，但并不是一跑定终生。"起跑线"之说，是教育的一个误区。不要因为孩子"抢跑"，就快马加鞭；也不要因为"起跑"不好，就自暴自弃。漫长的马拉松比赛，一步两步没有跑好，并不能决定最后的输赢。怕只怕心理上有一个障碍，让孩子真的就输在"抢跑"上。任何压力和阴影，对孩子的健康成长都没有好处。

孩子不但要学会自我规划，还要学会及时调整人生。这样在漫长的"人生马拉松"中，才能保持良好的心态，不因一步没有赶上而懊恼，也不因领跑几步而沾沾自喜。关键是培养孩子完整的人格，没有完整的人格，就算抢跑，又有什么用？

人生不是短跑，而是一场马拉松。从助跑、起跑、体力分配、行跑速度，一直到冲刺，要有一个详尽的目标规划。有规划的人生，才能跑出最好的成绩。

（唐剑锋）

学会尊重别人

在日常工作、学习、生活以及社会交往的过程中，任何人都希望能够得到别人的尊重。但怎样才能得到别人的尊重，这却是不少青年朋友们感到茫然的问题。

人们常说：要想得到别人的尊重，首先自己应尊重别人。这话一语道破天机，道出了如何才能得到别人尊重的真谛。

在平时的社会交往中，的确有相当一部分青年朋友，往往只一心想着别人来尊重自己，却不知道为此去创造条件——先去尊重别人。试想，一个不懂礼貌、不尊重别人，视别人的人格为儿戏、动辄耻笑他人、待人虚假傲慢、趾高气扬的人，大家还能去尊重他吗？当然更谈不上与之相处，与之交往了。那么，如何做到去尊重别人呢？请你不妨注意做到：

一、理解他人。北宋哲学家程颐认为：遇到事情肯替别人着想，这是第一等的学问。这不仅道出了为人处世中深邃的哲理，而且点出了处世的第一要素，即理解他人。长年守卫在祖国边防前线的将士为祖国为人民不怕流血牺牲，置个人安危于不顾，他们并不是要向人们索取什么，而只希望祖国人民能理解他们，这种情操是多么高尚啊。正因为祖国人民理解了他们，从而更加尊敬他们。"理解万岁"它包含着多少深刻的人生哲理啊。可见，理解是产生交流的前提，是增进友谊的纽带，是取得信任的"试金石"，是相互交往的"催化剂"。没有理解，便没有脉脉相通的交流，更没有出自内心的尊重。

二、虚心处人。俗话说：满招损、谦受益。月满则亏，水满则溢。做任何事都不能自视高明，向人摆架子，要时常找找自己的弱点与短处，力戒盲目自满、自高自大。一个人，只有认真放下架子，接受来自周围的知识，头脑才会日臻充实和丰富。孔子曰："三人行，必有我师焉。"就是说，各人都有各人的长处，各人也有各人的短处，"金无足赤，人无完人"。只要能虚心向别人求教，取人之长，补己之短，对自己是大有裨益的，也必将受到他人的欢迎和尊敬。那种目空一切、唯我独尊的处世态度当然为人所嗤之以鼻。有一民谚说得好："成熟丰硕的谷穗总是谦虚地弯着腰，只有干瘪空虚的谷穗才高傲地扬着头。"顺便提及的是，与人交往虽应虚心，但也应把握住分寸，应有一定的自尊心。虚心不等于盲目自卑、低三下四，那实质也是丧失自己人格的表现，最终，也会被人瞧不起。

三、诚恳为人。要做到尊重他人，更要注意自己平时的一言一行，做到为人真诚实在，不虚假、不做作。不仅要有助人为乐的精神，还要有真诚待人的热情。朋友、同事、同乡、同学有事相求，能帮忙办到的不摆架子不推诿；对无法办到的事情，更不要轻易许诺打"包票"，而应实事求是地当面阐述无法帮忙的原因且表示歉意；比较有把握做到的事情，也不要大包大揽，而应实事求是、留有余地；一旦答应做到的事情，就要千方百计，不能朝令夕改、反复无常，如果经过再三努力还没有实现，则应向对方诚恳地说明原因，不能有"凑合""应付"的思想，以取得对方的谅解。

四、礼貌待人。要做到尊重别人，就应该把自己对他人的尊重体现在与他人日常交往的活动中。如同熟人相见要点头示意，不要视若路人，扭头不见；远道或久别的亲戚朋友登门要迎出门外以示欢迎；去邻居家要先轻轻敲门，经允许后方可进去，举止要大方庄重，不可鲁莽闯入，如入无人之境；邻居休息时更不能大声喧哗，特别是各种音响应放小音量；如无紧要事情，不可在晚十点后或早晨六点前（或午休时）给人挂电话；家中来客，要起立迎接，敬茶用双手端送；与人谈话时应热情注视对方，以示尊重，送客要走在客人后面，送到大门外，最后握手道别；与老师、长者同行，应让老师、长者走在前面，不可大摇大摆，盛气凌人；对长辈要尊敬，对幼儿要抚爱，对同志要和善，在可能的情况下尽量给别人提供方便；如别人给你提供了方便（如让座、指路）要表示感谢，不能毫无表情，似乎是"理所当然"；倘若妨碍了别人，应主动致歉。

人们都有这样的体会：一次微微点头和热情握手，会使你感到亲切、舒心、温暖。相反，遇到的都是傲气十足的眼神或冷若冰霜的面孔，你又会是什么样的心境呢？实践证明；要想得到别人的尊重，首先你应该学会尊重别人！

（马家桂）

切勿贬损他人抬高自己

　　李先生自我感觉良好，然而在单位人缘不好。因此他经常抱怨世态炎凉，责怪同事寡情。是真的世态炎凉、同事寡情吗？非也！原来是李先生自命不凡，每逢单位开会，年终考评，他都喋喋不休地贬损他人，以显示自己"崇高的思想""卓越的才能""非凡的业绩"。因此，同事们都觉得李先生太过分了，太不像话了。于是大家都不买他的账，他陷入了孤家寡人的境地。显然，李先生人缘不好，其原因在于贬低他人，抬高自己。纵观现实社会，像李先生这种人为数不少。故笔者特分析这些人贬损他人、抬高自己的种种表现及危害和解决的办法，以帮助李先生回到集体的怀抱，成为受同事们欢迎的人。

一、贬损他人、抬高自己的种种表现

　　（一）捏造事实贬损他人。有些人为了抬高自己、贬损他人竟达到了捏造事实的地步。尽管他所说的事实是捏造的，可也是有鼻子有眼的，颇能迷惑人。面对捏造事实的指责，受害人有口难辩，无可奈何。例如唐某与李某同去某地出差，采购一种紧缺物资。他们到某地时，当地已无货供应，必须再等一个月才有货。于是唐某与李某空手而归。可是在向领导汇报时，李某竟当着唐某的面对领导说："年轻人就是贪睡，那天早晨如果小唐早点起来，我们可能就买到货了。"唐某说："本来就没有货了啊，这与起早起迟有什么联系呢？"领导连忙批评唐某说："老李说得对啊！你应该接受，以后改正啊广唐某听了领导的批评只有无可奈何地叹气，还有什么可辩解的呢？不过从此以后，唐某对李某敬而远之了。领导再派他与李某一道出差，他都借故推辞。

（二）夸大事实贬损他人。有些人为了达到贬损他人的目的，将针眼大的事情说得比箩还大。某科研单位赵某应朋友之邀，给朋友帮了两次忙，解决了一些技术上的问题。不巧让本单位的黄某知道了。于是在一次会议上，黄某说："赵某受了金钱的诱惑，不好好做本职工作，竟去从事第二职业。这种做法是缺乏事业心和敬业精神的表现，我为赵某感到难过。"赵某仅仅帮了朋友两次忙，黄某竟夸大成"从事第二职业"，并给戴上"受了金钱诱惑"的大帽子。由此看来，黄某的境界多高啊！敢于批评坏人坏事并且具有强烈的事业心和敬业精神。黄某的"思想"在贬损同事中得到了"升华"。

（三）通过自己与他人的对比贬损他人、抬高自己。一次某省高教局成人教育处组织政治经济学统考。哲学老师田某从高教局同学处获得了这一信息，于是回校对任政治经济学课的许某说："你们政治经济学统考，你知道这个消息吗？"许某说："我现在还没有接到这一通知。"在年终考评会上，田某说："许某教政治经济学，对政治经济学统考一点也不关心，统考消息还是我告诉他的，我比他还着急，许某太没责任感了。"这样一比，他似乎成为一个责任感极强的人了；而别人倒是一点责任感都没有了。田某如此地贬低他人、抬高自己，别人能接受得了吗？

（四）含沙射影贬低他人、抬高自己。舒某与兰某同在一科研所工作。舒某勤于笔耕，一年之中竟发表了20篇论文，而兰某仅发表了一篇论文。兰某心中很不服气，因而在年终考评会上自我评述说："我今年文章只写了一篇，但质量是很高的，决不像那些写得多的粗制滥造的文章。"显然兰某这是在含沙射影地贬低舒某。

二、损他人、抬高自己的危害

为什么有些人会不择手段地贬损他人、抬高自己呢？其原因显然是出自一种虚荣的心理和不服气的心理。有些人为了充分地显示自己的高明和非凡的价值，因此往往喜欢找参照物，自以为通过贬损他人，自己的高明和非凡的价值就充分地表现出来了。另外有些人对于别人强于自己，心理极不平衡，于是通过贬损别人，说明别人并不强于自己，从而在心理上得到一种阿Q式的平衡。然而不管贬损他人、抬高自己出于何种心理，都是一种缺乏道德的行为。这种行为的危害概括起来有如下几点：

（一）导致个人主义恶性膨胀和自我消沉。贬损他人、抬高自己的虚荣心理是建构在个人主义的基础之上的。因此这种思想如果长期发展下去，就会导致个人主义恶性膨胀，形成一种唯我独尊的心理状态，因而在单位无疑就会自以为老子天下第一，因此无条件地要求别人服从自己、尊重自己。而别人一旦不服从自己、不尊重自己，就会产生一种严重的失落感。而这种人的这种行为是绝不会得到别人的尊重的，只会越来越激起别人对他的反感。这种高期望与实际的反差不可避免地导致这种人的自我消沉。

（二）影响团结，破坏和谐的人际关系。由于这种人贬损别人，势必给别人带来思想上的不愉快。因为这种贬损与实际差距很大，实际上是对别人工作的一种主观的否定，所以一旦给别人带来思想上的不愉快，还会严重地影响他人的正常的思想情绪。另一方面贬损的言辞还有可能被一些别有用心的人所利用，作为攻击或整治他人的材料，势必破坏了同志之间的团结和和谐的人际关系。

（三）影响干群关系和正常的工作。由于这种贬损他人的行为往往戴着一种迷人的面具，甚至闪烁着某种光彩。因而很容易被一些不做调查了解的领导相信，而一旦领导相信，领导者就会对被贬损者产生一种不良看法，甚至会据此批评被贬损者，被贬损者就会认为领导不实事求是，而领导者又认为被贬损者不接受批评，这样就影响了双方之间的关系。而被贬损者一旦对领导产生了怨气，就很有可能不服从领导，甚至会产生消极怠工的行为，这样岂不影响了单位的工作吗?

（四）引发民事官司。贬损他人从法律上说是一种侵犯他人人格的表现。尤其是捏造事实贬损他人，这更是一种诽谤他人的行为。因而如果一个人再次地捏造事实贬损他人，就必然地会激起别人极大的反感，而致使他人拿起法律的武器保护自己合法权益。这样也就必然地引发了民事官司的发生。

三、怎样对付贬损他人、抬高自己的人

贬损他人、抬高自己确实十分令人生厌。一个单位如果有几个这样的人，大家肯定难以愉快地工作和学习。因此对待这种人决不可姑息，应该设法纠正他们这种缺乏道德的行为，创造一个愉快的工作和学习环境。

（一）当面澄清事实，使其认识自己行为的错误性。对于捏造事实贬损他人的人，受害人应该敢于澄清事实。澄清事实不需要争辩。在心平气和的；心境下将事实原原本本地陈述于众，并且列举证据证明事实真相，使捏造事实者在证据面前无法交代，从而唤醒他们的良知，在铁证面前幡然悔悟。例如某校赖老师在一次教研会议上夸耀自己如何下班级辅导同学学习，而批评纪老师连学生寝室都未去过。纪老师说；"对于赖老师的批评，我有必要澄清一下，班主任对下班辅导的老师都作了记载，我本学期共下班辅导12次，也许赖老师没做过调查吧！那么请赖老师去看看班主任黄老师的记载

吧。"在事实面前，赖老师非常难堪。

（二）直率地提出批评，指出错误的实质。对一贯贬损他人，抬高自己的人在年终考评中大家都应直率地对其提出批评，并分析其行为的实质，使其改变不良行为。某县委办公室干事张某一向贬低他人，抬高自己。在年终考评中，办公室有五个同事向张某提出了意见，并指出了张某这种行为给办公室带来的不良影响。在同志们的帮助下，张某认识了自己的错误。

（三）对一贯捏造事实贬损他人者诉诸法律。因为一贯捏造事实贬损他人侵犯了他人的人身权利，对他人的身心造成了损害，因此受害人应该诉诸法律，让其受到法律的惩罚，从而收敛这种不良行为。

总之，贬损他人，抬高自己是一种缺乏道德、缺乏修养的行为，具有较大的危害性。有这种行为的人应充分地认识行为的实质和危害性，努力克服这种行为。受害人一方要帮助这种人认识和改正这种不良行为。只有这样，才能创造一个和谐的人际关系环境，更好地利于人们的工作和学习。

（刘汉民）

真实、善良与必要

"难道这是真实、善良和必要的吗？"这句话是我的精神导师Sri Harold Klemp经常让我们自问的一句话。接下来你还可以问一句：爱在这个时候会怎样做？

当我们做事、说话、与人交流的时候，如果我们在行动之前能够自问这个问题，然后有可能话到嘴边的、可以与人对抗或可有可无的言语也许就变得无聊而被戛然止住。

"真实、善良与必要"这三点最不易把握的就是必要。什么是我们那个瞬间必须要说的话？必须要采取的行动？取决于我们内心的反应冲动。别人一句具有挑战性的话，我们是否有必要立刻针锋相对地顶回去呢？当然要就事论事，但如果你经常用这三点来衡量自己的言行的话，自然许多没有必要的言语就会省去。在心理学上，延长人回应外界刺激的时间，可以使人的回应更具准确性。在外界刺激来临之后，停顿片刻，迅速自问一下这是事实、善良或必要的回应吗？然后再去回应，这样的结果就自然少了敌对的因素。当我们不与外界为敌的时候，我们实际上是自己和自己成了最好的朋友。

我的一个医生朋友告诉我这样一个故事，他的一个病人是患有痴呆和自闭症的儿童，情况比较严重，他用了很多不同的治疗方法，都没有太多明显的改善。正因如此，病人父母的态度越来越不耐烦，给我的朋友不少难听的问题，比如：你到底知道该怎样治疗我们的孩子吗？我的朋友发现每次这种情况出现的时候，他的自卫心理就很强，态度也有些急躁。后来他发现，病人家长之所以可以让他改变平常非常专业的对待病人的态度，是因为他的内心有一个不可触碰的按钮：他对这个病人的治疗进展自己内心就不满意，所以当病人家长质问他的时候，他内心对自己不能接受，就开始快速回应。

　　发现了自己发作的原因来源于自己对自己的不满意，他开始重新审视他的治疗方案，并耐心给病人家长解释每一个不同方案的治疗目的是什么，家长知道了我的这个医生朋友的治疗策略和步骤，让他们也来帮助医生观察孩子的任何有效变化，结果病人的家长和医生成了治疗的伙伴，可以一起分析观察治疗的效果。我的朋友说，当时他有一句话到了嘴边又咽了回去，那就是——我做到了我所能做的，如果您还不满意，我可以将这个孩子推荐给其他专家。

　　今天他十分庆幸没有将那句话说出来，因为这个病例是许多年来他治疗过的最具挑战性的一个病例，现在病患家长终于看到了治疗效果。

　　在你下一次面对挑战的时候，自问一下，为什么你会有那样的感觉？看看是否让你发怒的正是自己对自己不满的地方，然后想想该如何回应这难道是真实、善良和必要的吗？

（魏奇志）

看透不说透，不是好朋友

俗语有云："看透不说透，才是好朋友。"我对这句话很不以为然，明明看透了，却不说透，什么原因呢？

我想原因有二：一是此人此事与我关系稀松平常，如此说来，这又何谈是好朋友呢？二是看透者城府颇深或是心存狡黠，对人对事都是一副看热闹的态度，眼巴巴地看着别人难堪、出丑，这样看来，此人对朋友简直比仇人还要狠。

看透不说透的人是圆滑的，既然是朋友，就应当直言不讳、不吐不快，这样才潇洒快意，当朋友像亲兄弟一样对待。而不说透是出于什么考虑呢？怕朋友不接受你的建议？怕朋友的面子上过意不去？等等，这些都只能说明你们的关系不够，你过早地将朋友的红绳把你与他（她）系在了一起。

看透不说透的人懦弱，顾左右而言他，这是一副怎样的心态？怕得罪人，作明哲保身状，还是不说为好，要不然，岂不是失去了一位朋友？而往往是这样的人，恰恰会在最后关头失去朋友。因为，不能在关键时候提醒朋友，还往朋友原本可以觉醒的心灵上抹石灰，掩盖事实，这样的唯唯诺诺到最后，势必要演化成一种自私或歹毒。

看透不说透的人虚伪，旁观者清，明明在你这个旁观者看来，事情一目了然，其中的玄机早已被你洞悉透彻，你偏偏不说，这样一种含而不发是一种虚伪，甚至是一种心底里的"坏"，是一种故作真君子的真小人。

看透的人智慧，这是看透者的优点。然而，不说透，就让这种优点变成了极大的缺点。有人说，流氓不可怕，就怕流氓有文化，看透不说透的人就是心理上的流氓，一个有文化的流氓，毋庸置疑，这样的人是可怕的，水落石出之后，是人人敬而远之的。

一部《水浒传》，大抒江湖快意恩仇，我最喜欢李逵的性格，这样一头犟牛，知无不言言无不尽，口中所云都是心中所想，真正做到了"口乃心之门户"，真是性格耿直之人，这样的人是"大炮桶子"，但是，所说之话均没有恶意，字字句句、心灵的丝丝缕缕都是从善出发，奔着"好"去的。

相反，那些影视作品里羽扇纶巾、道貌岸然的智者模样的人，眼神诡秘，笑意中隐含着玄机，在特定的年代、特定的江湖可以运筹帷幄，放在当下，着实不被人喜欢。岁月静好，缘何不用自己的快意制造一缕清风，非要含糊其词、大雾朦胧地待人接物呢？

看透不说透，不是好朋友！

（李丹崖）

批评是一种处世之道

众所周知，生活中的批评无处不在，家庭成员间的相处，朋友同事间的交往，上下级之间的共事等——想避都避不开。你也许批评过别人，同时你也被别人批评过。批评的目的在于教育犯有过错者，促使其认识过错并改正提高，而不是打击和压制。那么，如何做到既达到批评的目的，又不伤害别人？

先表扬，后提醒。秘书小文毕业于名牌大学中文系，在学校时候就发表了不少文学作品，自尊心极强。刚到县政府办公室的时候，有些心高气傲，认为公文是小菜一碟。但由于不了解文学作品与公文的区别，写好的几份材料都没有通过领导的审核，心里十分郁闷。分管文字的马主任没有草率地指出其症结所在，而是一直在等待恰当的机会。过了不久，机会终于来了。马主任在报纸上读到了小文刚发表的一篇写得很精彩的散文。他把文章收好，又找来一篇公文。然后，把小文叫到办公室。马主任夸奖道："你的那篇散文写得很棒啊！我读过了。"这话出自分管的领导之口，简直让小文受宠若惊。接着，马主任又拿出那篇公文说："你看这篇文章怎么样？"小文看完后说："这篇文章也写得很好，文风朴实，语言准确，说理透彻。"马主任说："你的眼光不错啊，这是一篇非常成功的公文，是作为范文用的。"马主任看时机已经成熟，就对小文说："希望你的公文写得像你的散文那样棒。"接下来，马主任跟小文一起讨论起公文与文学作品的区别来。常言道："响鼓不用重槌敲。"此后，小文很快放下架子，虚心学习，来了一个"华丽转身"，很快就成了办公室的"顶梁柱"。

点评：其实每个人都是清楚自己的缺点的。马主任能准确把握小文自负的心理，先赞扬他的散文写得很棒，然后运用类比方法，希望小文的公文写得跟散文一样棒。这种办法的优点在于比较委婉，被批评者特别是自尊心强者容易接受，并且会愉快地改正自己的缺点。

要责人，先责己。张辉刚到新单位上任不久，职工胡松就因喝醉酒闹事，被人告到了单位。在找胡松谈心之前，张辉事先对他的情况进行了深入细致的了解，结果得知，胡松这段时间心情不好，经常喝酒闹事，这已经不是第一次了，前任领导也曾经做其思想工作，但收效甚微。张辉在了解事情的原委后，把胡松叫到办公室，真诚地向他道歉说："我初来乍到，因为忙于应付各方面的工作，对你关心不够，没有来得及跟你进行沟通，让你受了委屈。"张辉的话大大出乎胡松的意料之外，他原以为会像前几次那样，被领导大骂一通。谈完心之后，张辉还亲自带着胡松登门去向那位"告状"者道歉。对方一看，胡松的态度很诚恳，加上单位领导也亲自上门了，气也就顺了，一场风波就这样化解。这次事件之后，胡松像变了个人似的，工作认真起来了，逐渐改掉了一些坏毛病，家庭自然也和睦了。

点评：很显然，张辉懂得批评的艺术，懂得选择合适的时间和场合，运用恰当的语言和符合人物身份的方式，先检讨自己，说是因为自己对职工关心不够，才会出现这样的事情，为批评披上了温情的外衣，从而使得胡松在内心里放弃了跟自己对抗的情绪，产生了亲近感，所以张辉的意见易于被接受，自然就会达到预期的效果。

假设场景，亲身体验。董明是一位很有经验的语文老师，有一个学生在写"灸"字时，总是爱多一点成"炙"，董老师纠正了很多次也不见从其改正。通过这件事，细心的董老师发现，不只是写错一个字的问题，这位学生在学习习惯上丢三落四的。董老师心想，得帮助学生及时改正这不良的习惯，否则以后会给他的工作和事业带来不利。

有一天上课时，董老师别出心裁地拿来一个皮球放在这位学生的面前，并且交代不许弄掉它，如果不照着做，将加倍处罚。下课时，董老师走到这位学生面前，问道："你觉得多一点好受吗？"学生实话实说："很难受。"然后，董老师趁热打铁，跟学生讲了一些做事认真、严谨的道理。你还别说，这看似奇怪的一招"惩罚"，却起了很大的作用，以后这位学生写这个字时，再也不多写那一点了，并且逐步养成了良好的学习习惯。

点评：应该说，这是一个很有趣的办法。既不伤学生的自尊心，又达到了批评教育的目的，比起那种"家长式"的诸如"你怎么那么笨""你的记性被狗吃了"之类的训斥效果会好很多。董老师的高明之处在于，他营造了一个具体的环境，把学生置于具体的场景之中去体验、感受，从而乐于接受老师的教育，并且记忆深刻。

运用换框法。"换框法"的提出是美国的语言程序学大师罗伯特·迪力茨。所谓换框，是围绕一些想象或者体验更换新的或不同的框架，从语言的角度讲，就是反话正说，多用正面的语言，注意负面的影响，将批评变为询问。如"害怕失败"转换为"渴望成功""愚蠢"转换为"精明而聪慧""不切实际"转换为"具体，可以达成"等。

一位正处于青春期的孩子跟老师谈自己的理想。那个理想对于他来讲，确实是很不切合实际的。老师想了想，本来打算从实际的角度提醒他，不要为虚幻的梦想浪费时间，但看着孩子向往的眼神，出口的话由"你能不能现实一点"式的批评变成了询问"你打算怎么实现这个理想？"结果，这位学生最后在老师的帮助下，通过自身的不懈努力，实现了开始看来不可能实现的理想。

试想一下，如果那位老师在听了学生的话后，直截了当地说"这个理想不可能实现"或者"你能不能现实一点"学生的回应要么是"我想你是对的"、要么是"不，可以实现。"这样，极易造成矛盾冲突，不易于学生接受，其实，"你能不能现实一点"与"你打算怎么实现这个理想"本质的意思是一样的，不同的是传达的信息不一样而已，一个负面，一个正面。很显然，正面的询问比负面的批评效果要好得多。这就是换框法当中"批评与批评者换框"。

很多人认为，批评是一根刺，是一把刀，稍有不慎容易伤害到别人，但有些事不批评却又不行。其实，批评是一种处世之道，只要掌握一些批评的技巧，运用得当，批评同样也可以成为一朵美丽的鲜花，受到人们的欢迎。

（曾祥伍）

素质教育

　　中学时代的校长到北京来开会，在饭店里跟当年的学生干部们有了一次小聚。校长眼见着已经老了，不再是当年四十岁少壮气盛的模样。他早已从学校出来，到了省里的教育部门任要职。而作为学生的我们，十五六年时间过去，也不再是从前的青春少年，都已经胡子拉碴，脸上皱纹一大把，多半成了各个岗位上的骨干力量。分别多年后的聚会，先还是有些拘谨，尔后在酒酣耳热之际，客套和陌生逐渐消除，师生渐渐成为朋友，变得无话不谈。谈话间说得最多的，除了回忆起做学生时的种种趣事，还十分感慨地说起中学时代学生的培养和教育问题。

　　我原来所在的那所学校是一所省重点学校。在座的几位校友都是当年通过层层考试才得以入学的。我是1980年后全市（沈阳市）招生入学的学生。我们都很以母校为光荣。一个在国家机关要害部门任小头头的校友总结说，我们学校的学生出来后有两大特点：一是普通话说得好，同是从东北出来到北京的，比起其他学校来的人，我们说话没有什么口音；二是比较守规矩，都很老实，都很乖，从小被管得太厉害，所以创造力和想象力都不足，没有横冲直撞的突破精神。

一位女同学也深有感触地说，前些日子她在电视上偶然看了一场中学生的辩论比赛，在回答某一个问题时，她看到了我们那所中学参赛的一个学生会主席（小姑娘），一张口，说的全是报纸上的书面语言，说得溜光水滑，一套一套的，显得大而无当。而同样的问题，南方参赛的孩子就显得很踏实淳朴，他们实实在在地从小处说起，到最后也把问题讲明白了。怎么能够想象得到呢？都这年头了，南方和北方的孩子说起话来还有着如此差异！

发这通感慨的女同学，正是当年学校里的学生会主席、那个在夏令营里扛旗、到台上宣誓的红色接班人小姑娘。现在她已在外交系统任职，刚从伦敦回国度假探亲。

我则从一个自由知识分子的角度谈起这些年闯荡江湖，在风雨中摔打的感受。我说我这许多年来的最大感受，就是当我作为一名"德智体全面发展的好孩子"走入社会时，却如同一只羊陷入了狼群里，四顾茫茫，手足无措。从前接受的所谓"自律精神"和"严格要求自己"的态度，都是和一种意识形态的"左倾"教化紧密联系在一起的，如今它们业已成了"胆小""没有创造力"的同义词，已成了束缚自我发展和进步的枷锁。这些东西，再跟北方文化的特点结合起来，更是让人在思维和行动上不能有所突破。我们封闭在坚硬的红色的茧壳里，个人的心灵极其敏感和脆弱，从不敢勇敢面对挫折，从思维特质上看，更接近于五六十岁、当过右派的父辈那一拨儿人，整个就是一群未老先衰的小老头儿和小老太太。如今的社会形势在急剧地发展变化，对人的素质的要求越来越高，那种老实听话的、被家长和老师压制管服了的、没有自主精神、所谓"学习好"的学生，一旦思维和性情定型，即便是最后一直能考东考西直考到博士后，也不见得能有大的作为，只不过沦为"工具"和奴隶而已。反观那些从野地里出来的不太听话的学生、有成就的艺术家、成功的商人、高层的领导……社会席位都被他们占据了。

校长听后点头称是，也承认我们学校培养出来的学生的确是太老实，已经不能适应新形势的要求。不应该用意识形态话语代替和覆盖最基本的做人的品德的教育，应教会学生有一种辨别是非以及挑战自我的能力，给他们一种开放型的思维，说错了不要紧，还有机会改正，重要的是要勇于表达、陈述自己的见解。况且现在的学生接受信息速度快，渠道多，如果教师的观点陈旧落后，又不能把辨别的能力教给他们，搞不好，他们会对教师失去信任，也容易过早戴上人格面具，当着老师面唯唯诺诺点头称是，给老师一点面子，转过头去肯定又是自己的另一套。学生的早期教育与学校的指导思想，以及教师自身的素质的培养和提高，都必须给予重新的重视和强调了。

听老校长这么一说，在座的我们又觉得将来的学生们会比我们更有希望，心里边不觉开始有些亮堂堂的。

（徐坤）

让孩子明白自己的责任

　　儿子读书了，而且有幸成了一班之长，每天负责教室的开门、锁门。或许是因为人小不懂事，抑或是因为住在学校的缘故，他仿佛是患上了健忘症：每天早上去上学，如果没有我的提醒，他是少有记得带上钥匙的，以致我常常与儿子开玩笑道：成成，你这值日生，妈妈可给你当了一半啊！

　　我与儿子如同冲锋陷阵的战友，每天早上总是匆匆忙忙。洗脸、漱口、吃早餐，然后我们母子俩一溜小跑地向教学区奔去。

　　"成成，别忘了带钥匙。""妈妈，是！"儿子像一阵风似的跑过去拿过钥匙，我的心理不禁充盈着一种"指挥三军，夺胜千里"的自豪感。有好几次，由于我的一时疏忽，待走到半路，我们才想起忘带了钥匙，我只好风风火火地往家赶。待我把钥匙挂到儿子的脖颈上，儿子那一声甜甜的"谢谢"，让我感到有种付出终于得到了回报的满足。

　　然而，久而久之，这种过度的操心，让我感到很累；而且有好几次，当我们走到半路，儿子突然发现忘了带钥匙，竟还埋怨起我来。这不得不让我感到警醒：难道这是我的责任和义务吗？不！我必须让儿子明白，有些后果是应该由他自己来承担的。

在最后一次为儿子回家取钥匙之后，我对儿子说："成成，以后妈妈不再每天都提醒你带钥匙，你自己要多留点心。"儿子有些惊讶地望着我，犹犹豫豫地点了点头。为了有利于儿子的记忆，我让儿子把钥匙固定地挂在靠近客厅进门的沙发扶手上；我明白孩子毕竟还小，因此，我告诉他，每天早上出门前，要想一想，检查一下是否带齐了钥匙、书本和其余学习用品；每当儿子急欲匆匆出门而忘了带钥匙时，我就有意磨磨蹭蹭："不着急，我还有东西没带呢！"对儿子进行旁敲侧击。儿子没能明白，我就不踏出家门，直到儿子想起来为止。

在经过这样一段旁敲侧击的提醒之后，我决定让儿子完完全全地承担起责任来。一天，我对儿子说："从明天起，你那钥匙的事，我就一点也不管了，如果误了开门，遭到老师的批评，那也只能怪你自己了。"大概是我的话起了一定的作用，在开始的一个多星期，儿子竟也不曾有过忘带钥匙的事。一次与儿子聊起钥匙的事，我半开玩笑半认真地对儿子说："嗨，成成长大了，不用妈妈操心了。""那当然，要不然还叫男子汉？"儿子一脸的得意。然而儿子的海口夸得太早了，没过多久，有一天我发现儿子没带钥匙就匆匆地出了家门；我有意不提醒他，只是对他说："有什么事，到办公室来找妈妈。"不到10分钟，儿子气喘吁吁地跑到我的办公室，大呼小叫地要我回家去拿钥匙。我把家里的钥匙递给他，安慰他说："不要着急，离上课还早，你自己去拿还来得及。"儿子急得要哭，我也毫不为之所动。在我毫不通融的态度下，儿子只好独自回家去拿钥匙。

放学后，儿子显得有些闷闷不乐。我问他是不是挨了老师的批评，儿子难过地点了点头。不过从此以后，儿子每次出门前，总是会把要带的东西预先准备好，再也不曾有过忘带钥匙的事。

作为一名教师，我经常能遇到些由于学生忘了带必要的学习用品，爸爸妈妈、爷爷奶奶、外公外婆急急忙忙地为孩子送这送那的事，而且孩子大多不会受到半点责难。这种事在今日的校园里已是司空见惯，孩子觉得理所当然，家长也自认为责无旁贷。我不禁深感吃惊和担忧。如果家长都事无巨细地让孩子受到庇护，长此以往，孩子就会心安理得地去接受这种庇护，而把本应由自己承担的责任和义务抛到脑后，觉得这些都是大人们的事；长大后，当他们不得不面对现实生活中不可回避的责任和义务时，就会变得束手无策，更不用说为国分忧，奉献社会了。

（唐静源）

走出"教子成材"的误区

望子成龙、望女成凤几乎是父辈们晃一例外的愿望，竞争激烈、优胜劣汰的当今社会，使父母们更深地领悟到了适者生存的法则。因此，"从娃娃抓起"就成了父辈们的共识。科学研究表明，早期教育尤其是早期家庭教育是孩子成材的基础，于是父母们，以至父母的父母们，把家庭生活的主要精力放在孩子的早期教育上就是顺理成章的事了。现在的问题是，什么样的教育才是成功的教育，这与父母对"成材"的认识有关。因此，早期教育的成功与否在很大程度上取决于父母们能否走出"教子成材"认识上的误区。

父母为孩子设计的前程就是最可靠的吗？

我有一位朋友，很有点音乐细胞，不但歌唱得好，二胡拉得也不错，读高中时他就一心想报考艺术院校，但十年"文革"打碎了他的艺术梦，后来结婚成家有了女儿，就决心在女儿身上圆他失去的梦。他给女儿定的目标是成为一名艺术家，于是全家省吃俭用，在1983年女儿三岁生日那天为她买回一架钢琴，又请了城里最好的钢琴教师为女儿辅导。从幼儿园到小学、初中，几乎所有的课余时间和节假日都将女儿禁锢在她的斗室和琴台上，女儿的生活成了三点式：上学、吃饭、练琴。每次在学校听别的同学津津有味地谈论起节假日在父母的陪伴下逛公园、看花展的乐趣时，她都无权参与，因为这些对她来说是完全陌生的。她也曾要求过，可父亲总是那句话："现在不是玩的时候。"在父母的高压下，女儿除了顺从之外，别无选择，唯一的反抗是无声的沉默。随着年龄的增长，孩子的压力越来越大，高一学年考试就有三门功课不及格。老师找上门来，说这孩子在学校整天不说一句话，听课也心不在焉，是不是精神受到了什么刺激？可我这位朋友仍然不以为然。到了高三上学期，孩子的精神变得越来越恍惚，举动也越来越难以捉摸，专家诊断为精神忧郁症，不得不住精神病院治疗。

生活中类似的例子还有很多。父母作为过来人，见多识广，手中握有社会阅历和生活经验这本教材，于是就以为自己成了孩子最权威的老师，常常自以为是地按照自己的心愿设计孩子将来的发展模式，再按照这个模式安排孩子的一切，以为这就是对孩子的成长负责，其实不然。海涅说过："真正的天才不可能被安置在一条轨道上描摹，那条轨道应当在所有批判评价之外。"这就是说，孩子未来的成长轨道是不可能由旁人预置的。换句话说，孩子的志向是在他的成长过程中自主确立的，而不是由他人强加给他的。无数成功的事例说明，孩子未来的成就有赖于他成长过程中建立起来的自主意识，一个禁忌多多的家庭，孩子很难有创造性。俗话说"强扭的瓜不甜"，剥夺孩子的兴趣爱好，扼制孩子的个性发展，其结果只能使孩子变成"停滞、被动、服从的木偶"。

19世纪俄国杰出的诗人尼古拉·阿列克塞耶维奇·涅克拉索夫从上中学时就对文学很感兴趣，而他的父亲给他定的目标是当一名军官。当涅克拉索夫在省城念到中学五年级，只差一年就要毕业时，父亲强迫他到彼得堡的军校去学习。当涅克拉索夫不得不离开省城来到彼得堡时，他却没有去军校报到，而是选择了到彼得堡大学去做旁听生，学习语言学。父亲收到他的信后不仅没有谅解他，反而断绝了对他的一切经济供应。整整三年，没有生活来源的他几乎每天都过着饥饿的生活，"甚至连床铺、褥垫和军大衣都不得不拿去卖了"。为了维持生计，他去代过课，到报社和小型杂志社做过帮工，搞过校对，帮人抄写过台词。即使在这样的环境里，涅克拉索夫也一直没有放弃写作，后来终于成为俄国文学史上第一个歌颂劳动和反映劳动人民苦难生活的大诗人。我们应当记住柏拉图的话："若把'强制'与'严格'训练少年的孜孜求学的方式，改为引导兴趣为主，他们势必劲力喷涌，欲罢不能。"

智力是成材的唯一要素吗？

智力是人脑功能的表现，当然是越强越好，但它是不是一个人能否成功的唯一起决定作用的因素呢？美国心理学家曾对全世界上千名被称为天才的人物做了详细的跟踪调查和分析，发现其中有150名是最成功的，另有150名是最不成功的，这说明智商高并不意味着肯定成功。将150名最成功者和150名最不成功者进行对照分析，显示他们之间差别最大的有四种品质：一是取得最后成功的坚持力；二是为实现目标不断积累成果的能力；三是自信和克服自卑的能力；四是多方面的情感和社会的适应能力。这说明，一个人是否能够成功，固然有知识基础、智力技能、思维方法等智力因素的原因，但更有兴趣、情感、个性和信念等非智力因素的原因。非智力因素往往是取得成功的最稳定、最持久、最巨大和最经受得住考验的驱动力。科学研究表明，一个人要取得成功，智力因素只占25%，而非智力因素则占75%。

爱因斯坦直到9岁之前说话都很困难，回答别人的简单提问要考虑很长时间，令父母大伤脑筋，担心他存在智力障碍。上中学时，除了数学，其他各门功课都很糟，以致老师要他退学，并断定他"将无所作为"，但他后来却成了世界上最伟大的科学家。显然，对他的成功起主导作用的并不是智力因素，而是非智力因素。

就智力本身而言，我们常常把记忆力、模仿力等作为衡量孩子智力高低的标准，要求孩子将老师教的东西一字不漏地背下来，考试也对照标准答案一字不差才算正确。记得某报曾登载过这样一件事，一位老师出的题目是："冰雪融化之后是什么？"绝大多数同学回答"冰雪融化后是水"，只有一个学生的回答是"冰雪融化后是春天"，而老师阅卷时给这个答案与众不同的学生记了"0"分，这个学生也理所当然地遭到了家长的训斥，这说明我们对智力本身的理解也存在很大偏差。其实，智力是以抽象思维为核心的，我国著名科学家钱伟长先生说过："学校应重视有创新意识的人，而不是重视死读书的人和读死书的人。"这对我们做父母的是不是也应当有所启发呢？

正是由于我们的诸多误解而导致了教子方法上的不当，我们剥夺了孩子爱玩的天性，束缚了孩子的思想自由。其实，"终日埋头学习而不去玩耍，聪明的孩子也会变傻"，"学生喜爱做的事情，甚至可能比他们喜爱读、喜爱看或喜爱听的东西更加重要"。有人对北京市37名青少年科技小发明一、二等奖获得者作过分析统计，其中多数智力水平中等，学习成绩也只是中上等。他们中60%的学生总爱在课余时间看科普读物；92%的学生喜欢参加各种课外活动，兴趣十分广泛；76%的学生是意志坚强、有独立性的青少年。

"顽皮"就是不走正道吗？

《羊城晚报》曾刊载过《一个科学顽童的故事》，它也许能帮助我们回答这个问题。

被称为"科学奇人"的理查德·费曼是美国加州理工学院教授，他以量子电动力学上的开拓性成果获得诺贝尔物理学奖，曾参与著名的研制原子弹的曼哈顿计划，在理论物理界享有崇高威望，被誉为20世纪最聪明的科学家。可是人们对他津津乐道的却不是这些，而是他那一生中充满传奇色彩的率性而为的恶作剧和孩子气的智慧游戏。

费曼从小就表现出对物理游戏的浓厚兴趣，11岁时，父母帮他在地下室的角落里建起了属于他的小天地。对当时的费曼来说，一个装上间隔的木箱、一个电热盘、一个蓄电池、一个自制的灯座等等，简直就是一间真正的电子实验室，在那里他的思想和行为是完全自由的。父母弄不懂他在做什么，只是因为儿子喜欢，就由他去。对一个11岁的男孩来说，当他利用这些极其简单的设备，终于学会了电路的并联和串联等不同的连接方式，学会了如何让每个灯泡分到不同的电压，并且可以控制一排灯泡渐次慢慢亮起来的时候，"那情形真是美极了！"从此，费曼更加醉心于他的实验，整日乐此不疲。后来，他得到了一架显微镜并立即沉迷于镜下的世界。通过反复观察，他发现一些小爬行动物的运动规律与书上说的不一样，于是对书本的一些描述提出了质疑。费曼还常常在自己的"实验室"里为邻近的孩子们表演"魔术"，当然是利用化学原理的极其简单的"魔术"，比如把酒变成水之类。费曼还发明了一套戏法，他先在桌上放一个本生灯，先偷偷地把手放在水里，再在苯里浸一下，然后手"不小心"地扫过本生灯，一只手便着了火，他假装惊慌，赶忙用另一只手去拍打已着火的手，结果两只手都烧了起来。他挥舞双手，装作被吓坏了，边跑边叫："起火啦！起火啦！"结果所有的孩子都被吓得跑了出去。

　　费曼的爱好远不止这些。他的桑巴鼓技艺不凡，水平甚至使巴西本地的"职业鼓手"汗颜；他50多岁开始学画，却可以像真正的画家那样卖掉自己的作品；他是开锁专家，没有一个保险柜能让他束手无策，在研制原子弹时，他以破解保险柜的安全锁当作娱乐，他取出柜中的保密资料后，还会留下字条提醒当局小心安全；他喜欢坐在无上装酒吧内做科学研究，当那酒吧被控妨碍风化而遭取缔时，他毫不犹豫地上法庭为其辩护……也许正是这些在我们看来近乎疯狂的恶作剧练就了费曼一副科学的头脑，使他在科学研究的道路上如鱼得水。

当然，并不是说孩子只有像费曼这样才能成材，但我们必须承认，儿时的顽皮几乎是孩子的共性，也是孩子认识与探索世界的开始，是他们在以特有的方式表达自己的求知欲望。杜威曾经说过："儿童教育的特殊问题，是把握住儿童自然的冲动及本能引导之，使之进入更高的知觉及判断，并养成他们更有效的思维习惯。"如果费曼的父母当初对他的好奇与"顽皮"不能理解、不给予必要的支持和引导，可能他就不会有非凡的成就。我们舍得为孩子花钱购买成打成箱的玩具，却不允许孩子自由地创造自己的乐园；我们宁可花大量的时间为孩子安排好一切，却不允许他们独立地处理自己的事情……或许正是由于我们对孩子过于"负责"的种种限制，堵死了孩子摄取知识的种种渠道，制约了孩子的聪明才智。正如邓肯所说："真不知道有多少父母能够认识到他们给予孩子的所谓'教育'，只是迫使子女陷入平庸，剥夺他们创造美好事物的任何机会。"

编后话：周江海同志的《走出"教子成材"的误区》一文，对孩子的早期教育，尤其是早期家庭教育提出了三个不容忽视的问题。他所倡导的方法既是对传统的教育模式的批判和反思，同时也提出了富有实际意义的方法和思想。

我们希望广大从事儿童早期教育的同志和家长都来谈谈早期家庭教育问题。同时，我们也希望那些在早期家庭教育方面取得成功经验的同志，把做法写出来，还希望那些在早期家庭教育上感到困惑的同志以及关注早期家庭教育的其他同志，把自己的苦恼和看法写出来，围绕着"我是怎样教育孩子的""我们应该怎样教育孩子"畅所欲言，言无不尽，为探索早期家庭教育的思路、途径和方法尽一份力。

（周江海）

让人生站起来：一个瘫痪男儿的教学梦、旷世情

　　哪怕／我的生命／短若流星／我也要／像流星那样／放出瞬间的光芒／哪怕／我渺小得如一滴清露／我也要／像清露那样／璀璨晶莹／我希望／历史的长河中／能有我荡起的／一圈涟漪／古老的大地上／能有我／留下的一串足迹／这样／我才会／含笑离去。

　　这是一位身患进行性肌肉萎缩绝症、丧失运动机能的青年的心灵啼血；这是一个哀婉动人的爱情故事；这是一个震撼人心的壮举。

高才生梦断校园

　　兄妹5个，在家排行老三的马文仲生活在河南省长垣县黄河滩中的苗占乡马野村。看到贫困家乡众多失学的孩子，感受着作为乡村教师的父亲马存英的熏陶，马文仲从小萌发了当一名教师的梦想。可是，圆梦，必须要考高中，上大学。要强的他下决心一定要考上大学，翻越高高的黄河大堤，看看外面的世界。

　　1980年，14岁的马文仲念到了初三。就在这一年，病魔的毒爪伸向了他。春天的一个早上，马文仲蹦着、唱着向20多里外的学校

奔去。突然，他感到双腿在隐隐作痛，像成群的蚂蚁啃噬着皮肤。天真的他以为是每天跑40多里路累的，也就没有在意。他靠在路旁的小树上歇了一阵，感觉轻些，咬牙走向了学校。此后的许多天里，这种现象一直伴随着他，他开始意识到，自己可能"出毛病"啦。当时，正值中招的关键时刻，他想自己绝对不能趴下，说什么也要考上高中！

中招后的一天，黄河滩区像刮风一样传递着一个喜讯：马存英家出了个秀才，马文仲考了个"乡试"第一！入夜，马文仲在被窝中哭一阵，笑一阵，他的一条腿，已跨入了那个美丽的梦。咬牙读到高二，1982年，他的病腿却在梦想的门槛前迟缓了。那天放学回来的路上，他的双腿再也挪不动了，他感觉自己像被焊接在大地上，冷汗、无助的泪水倾泻而下，他挣扎着在路边折了一根树枝，自己也不知是怎样挪动到家的，当他看到家中的灯火，他喊了一声"爹"，一下子栽倒了……

带上家人从牙缝里挤出来的两千多元钱，马存英背着孩子，乘上了去郑州的客车。然而，河南医科大学第一附属医院的一纸"判决"，却如一声闷雷把他们震蒙了：文仲患的病叫进行性肌肉萎缩症，这种病只有百万分之一的发病率，会导致从四肢到内脏如心肌等全身肌肉瘫痪。目前别说在河南，就是在全中国、全世界也难找到治疗此病的有效方法。

绝望的马文仲抹抹泪眼，酸心地说："爹，咱……咱不治了……"

村小的无薪教师

哀莫大于心死。刚退学那阵儿，马文仲万念俱灰。然而，对生命的热爱、对知识的渴求最终却促使他走上了自学之路。冬天，他的手冻烂了；夏天，他的屁股坐烂了；多少个日落日出，伴随他走过一行行文字的森林，少年的他，头发花白了……"两年多的时间，他没有屈服于病魔，凭着超人的毅力自学完高中全部课程和部分大学课程。

1985年那个炎热的夏季，一个念头在19岁的他心头闪过：也许，我的生命不长了，我要抓紧把学到的知识传授给家乡的学童们！他把想法说给村支书。村支书惊呆了："文仲，你不是说梦话吧？你连自己都照顾不了，还能教学？再说……再说村小学的教师编制已经满啦！"看到马文仲失望的神情，村支书于心不忍："你到乡教育办，或许他们有办法。"乡教育办的领导听罢眼圈红了，他们也左右为难："现有的教师发工资都困难，你……""我，我不要工资中不？"马文仲哽咽着："我学的知识不能带到墓坑里呀！"

就这样，马文仲成了黄河滩区、或许是全中国唯一一名不拿工资的村小学教师。学校分配给他的工作是帮助其他教师批改部分学生作业，在农忙季节或教师生病时顶替别人代几节课。马文仲已经很知足了，他的梦想终于实现了！当他用红笔精心批改出第一份学生作业；当他蹒跚着"走"进教室，看到学生们惊奇、敬佩的目光，听到第一声"老师好"时，他感到自己真正地站起来了！他在日记中写道："同是一撇一捺，人和人却不一样。'人'字的结构就是相互支撑，支撑我人生的，应该是坚毅的精神和不变的追求。"

马文仲家离村小学只有200多米，这段常人只需两分钟就走完的路，他得折腾40分钟甚至个把钟头。学生们争着要背他、送他，他坚决不让："你们有时间应该用到学习上，不要管我，放心吧，我不会误课。"很多时候，身体不平衡的他会摔倒在路上，此时的他只有等待，等待路人把他扶起。下午需要代课时，午饭他索性不回家吃，让在学校上学的二妹庆兰捎来一瓶开水，几个干馍。

就这样，他用自己微弱的生命在实现着自己小时的梦想。

一个教师和八个学生的"学校"

马文仲的病情加剧了！几天前，在去学校的路上他重重地摔倒了。这一次，他不得不正视更残酷的现实，他胳膊上的肌肉已萎缩得抬臂都极困难，借以拉动大腿的"动力"丧失殆尽，两个手腕的力量也部分受限，手指尚能捏筷子、钢笔，两条腿已彻底丧失了功能。他在想，魂牵梦绕的学校是不能去了，我还能干些什么？马文仲的情绪又一次陷入了低谷。这天，他被家人抬到晒场看护粮，几个昔日的学生映入他的眼帘，他问："你们咋不上学哩？""马老师，家里没钱供我们上学啦！光咱村就十来个呢！"马文仲沉默了，许久，他眼前一亮，何不办个家庭辅导班？不仅自己有个精神寄托，还能帮助失学的孩子？对，就这样干13天后，哥哥和妹妹帮他张贴的六七十张招生"广告"出现在周围的几个村庄："我很想教一批失学的孩子，精心地辅导他们。孩子不上学，与其东游西荡，惹是生非，不如送到我这里，让我们都有事儿干。掏得起8元书费的请来报名，掏不起也不要紧，只管拿旧书来吧！"

一个月过去了，一潭死水；两个月过去了，死水一潭。马文仲大惑不解，为啥就没人报名呢？还是邻村一位来看望他的同学解开了这个"谜"。原来，乡亲们信不过他，"文仲是个好人不假，可一个屙尿都顾不住自己的瘫子能教学生？"这位姓高的同学劝他多一事不如少一事。马文仲态度很坚决："不行，我还要贴广告！"同学被他的执着感动了："我弟卫杰上到四年级不念了，光在家里淘气；干脆就送他来你这儿吧！"马文件高兴得哭了。

又可以当老师啦！一个教师，一个学生的学校，吸引了村里的孩子来看稀罕。马文仲主动接近他们，和他们谈心，孩子们逐渐对他产生了好感。在他的不懈努力下，辅导班有了8个学生，都是有名的"捣蛋鬼"，或因成绩差或因家庭贫困而辍学。

教学中的每一个举止对马文仲来说都是一次严峻的考验，由于四肢肌肉萎缩，讲课时在黑板上板书无疑是最难攻克的关口；开始，他坐在稍高的凳子上；用双膝顶着手臂在放低了的黑板上写字，可他发现，黑板低了学生看不清。于是，他让父亲把黑板升高，找来一根木棍，一头制成夹子形状，将粉笔夹在上头，尝试着举起木棍板书。起初，他写的字七扭八歪，自己也累得直喘粗气。学生们劝他还是用原来的方式，他说："现在就你们几个，往后学生多了咋办？"为了练习这种在常人做起来也有难度的板书技巧，让孩子们看得清楚，他在夜里把备好的课先练习数遍，直到自己满意为止。高卫杰发现了他的秘密，抱着老师肿得胡萝卜粗的双腕，眼泪"叭叭"直流，解手是马文仲攻克的第二道难关。因为大小便费时，为不影响正常上课，他为自己定了规矩：少喝稀的，多吃干的，大便改在晚上。长时间下来，他讲得口干、舌燥，喉咙沙哑。由于大便干结，他解一次大便需要个把小时，有时还要用手费劲地抠，常常累得大汗淋漓。

马文仲在一条异常艰难的路上跋涉着。

是年7月，一个惊人的消息不胫而走：马文仲的8名学生有6名考上了初中！高卫杰还考了个全乡第一！而别的正规学校，有的是"白板"，最多的也只考上了四五个。黄河滩区人把这当成特大新闻，奔走相告。招生季节，没等他贴广告，方圆十里60多名贫困失学的农家子弟争先恐后地迈进了他的门槛。

善良湘女白如玉

1988年3月25日的日历是喜庆的红色，墙上贴着红喜字，马家盛开了并蒂莲。学生们拍着小手喊："噢！噢！马老师结婚啦！噢！噢！我们有音乐老师啦！"

新娘是秀美的湘西妹子谷庆玉。

谷庆玉出生在美丽富足的湘西桑植县。她从小的理想就是要当个音乐教师。长大后，谷庆玉没当上音乐教师，却成了当地有名的养鱼专业户。

俗语道：一家女百家求。何况谷庆玉既美丽又是名人，登门说媒的踏破了门槛。可她左一个相不中，右一个看不上，冥冥之中，她等待着，她知道她要嫁的一定是一个不寻常类似英雄似的人物。就在这时，她看到了马文仲在一本杂志上刊出的征友启事："一位病残青年立志改变家乡落后的教育面貌，矢志办学，您能帮我一把吗？"

原来，这时的马文仲事业蒸蒸日上，身体却每况愈下，扭曲变形，稍微挪动一下那是奢望，原来独创的板书方式也无法进行、要想把学继续办下去，就必须要找个帮手，于是他登了这则征友启事。

"马文仲同志，看到你的征友启事，我竟有一种久违的激动。虽然我是个养鱼专业户，整天想的是'向钱看'，但读罢你的自我介绍，我一下明白了，我激动的原因在于我幼时的愿望：做一名音乐教师。你的身体状况很差吗？我想象不出你是怎样把学校办起来的，请你告诉我，好吗？让我们互相帮助吧！"信的落款是：湖南省桑植县马谷口乡马谷口村谷庆玉。

这封信鼓舞了困顿、艰难中的马文仲，从此两人鸿雁往来，相互交流着生活的感受、生命的意义。谷庆玉被马文仲顽强不息的生命感染着。每次收到马文仲的书信，她都有种怦然心动的感觉，要是一周没收到文仲的来信，她就会坐卧不安，"难道他就是我生命中的英雄？"谷庆玉毫不犹豫地拿起笔："兴许是缘，我们都有献身教育的追求；兴许是缘，我们村庄的名字都有一个"马"字；兴许，只有在黄河滩上，才是我实现自己价值的地方……"

千里之外的马文仲激动与忧虑交织在一起，他早就想一诉衷肠，可自己……他回信道："我是个永远不能站立的人，你知道什么叫痛，什么叫苦吗？有你的情意，此生足矣！"谷庆玉的情笺接踵而至："兴许上辈子欠了你的，老天爷在惩罚我吧？你不能站，就让我做你的腿吧！"

1988年初春，谷庆玉把鱼塘交给了妹妹，跟父母不辞而别，带着自己的情和爱，北上中原，来到了河南省长垣县马文仲的家。

文仲的爹娘看着美丽得如同仙女般的谷庆玉，心里别提有多欢喜，可一想起自己的瘫儿，善良的老人对她说："闺女，这可不是闹着玩儿的，不能脑子发热，明天呀，把这儿的土产给你爹娘拿些儿，叫文仲爹送你上车，"文仲对她说，"庆玉，我家穷，母亲、哥哥都有残疾，两个妹妹还未成人，我又是这个样子，过日子比树叶还稠，我请你重新考虑，还是回去吧！""爹，娘，让我留下侍候他吧！学校需要我，文仲需要我。"谷庆玉长跪不起……

谷庆玉终于穿上嫁衣，成了马文仲的新娘子。"马老师结婚了！""我们有音乐老师了！"孩子们的声音传得很远很远，震撼着每一个听到的人。

好女人是他的轮椅

新婚是喜庆的，然而，日子却是沉重的。开始，谷庆玉不了解马文仲的身体状况，不知道该怎样伺候他，常常帮倒忙。想扶他过门槛，却把他摔了个仰八叉；费心扒力地把丈夫扶到床上，一松手他栽到床下，头破血流。谷庆玉心疼得直哭，恨自己没用。谷庆玉渐渐摸索出规律：丈夫的生理重心已经偏移，要让他坐稳，必须掌握好重心。中原的夏季闷热、干燥。白天，谷庆玉坚持用凉爽的毛巾为马文仲擦洗数遍；晚上，她用尽全身的力气把他抱上床。为避免生褥疮，她不敢酣眠，每隔一两个钟头为他翻翻身。有类似这种经历的人都知道，还没合眼、却又睁眼。谷庆玉是全村睡得最晚、起得最早的女人。洗漱、烧火、做饭完毕，又给丈夫穿衣、洗脸、喂饭。每天来的第一个学生总会发现，谷老师已经把马老师背进教室，安置在讲台上了。

眼望着身子日渐单薄、形容憔悴的妻子，马文仲歉疚地说："苦了你啦，我一顿少吃一个馍，省钱买辆轮椅吧。"庆玉说："还是等条件好了再买，我能挺住。"眸相对，情几许？但愿人长久，千里共婵娟！

1992年，一个叫张丙修的学生家长赠送给他们一辆轮椅，夫妻俩欣喜若狂。当天，马文仲写了一首诗《轮椅》：妻／是我的轮椅／轮椅上的重量／是一颗感激的心／那过去的一千多个日子啊／承载着／泪痕／慰藉……

因为人手少，十余亩责任田疏于管理，马文仲家的粮根本不够吃。谷庆玉对记者说，直到现在，当地的生活水平也赶不上十年前她的家乡。刚嫁过来的几个月，北方农村的粗粮使吃惯米饭的她难以下咽，闲暇时一照镜子，她吓了一跳：干瘦、粗糙，这是自己吗？为了多打粮食，这个南国女子又扛起了锄头。家中——学校——农田，真累。村人搞不明白，这个小女子咋恁多力气、精神儿？

1989年的一天，身怀六甲的她下田犁地，那头瘦驴不买她的账，毫不客气地朝她肋部踢了一"脚"，他们的第一个孩子就这样提前出生了。按当地习惯，女人生产得"坐月子"，床前有人侍候着，好好享受做母亲的快乐，不然可能会留下"月子病"，一辈子治不好，可是，看着床那头动也不能动的他，第二天，谷庆玉下床做起了两个人的"保姆"。

谷庆玉坦率地告诉记者："从1988年到1995年，悄然别家7年，要说没有后悔过是假的，累极了，我就跑到黄河边上一个人痛快地哭一场。可我是这个家的轴承，离了我，马家就会停止运转！"从1988年到1999年，结婚11年，谷庆玉仅在1995年回过湘西一次，看望了当年不辞而别而今已年迈的父母，回到阔别7年的故乡，她顾不上访亲问友，把7年的思念浓缩成3夜4天，全部给了父母，最后她告诉父母她在黄河的怀抱里生活得很好，就匆匆地回来了。她知道，文仲不能没有庆玉，学生不能没有谷老师。

要留下学校和精神

眼下，马文仲夫妻成了方圆几十里的名人。学校也已初具规模。学生由最早的8名增至218名，师资力量扩大到7人，校舍也增加到20间。1996年，长垣县团委送来5000元希望工程款，该学校也被命名为希望学校。

马文仲知道，黄河滩区的农民很苦，大凡来这里求学的，多是拿不起昂贵学费的，他把学校的收费标准定得低得令人难以置信：一名学生全年只收80元，其中光书费就得40多元。而且马文仲还为他的这所希望学校立了个规矩：决不允许一个学生因贫穷而从这里退学。13年来，200多名贫困孩子在这里免费读完了小学，仅1999年，就有30名学生在这里免费就读。经费不足，他们就从自己的生活费用中挤出钱来，填补进去。

为了这所学校，马文仲夫妻平素吃的是腌萝卜，过年过节才吃一回熟菜，省下钱来盖教室。

为了这所学校，谷庆玉连"坐月子"时亲友送来的鸡蛋都舍不得吃，全拿去卖了，她说："一个鸡蛋就是一块砖哪！"

为了这所学校，谷庆玉把家里的粮食推到集上去卖，给学生买课本。

由于超常的劳作和长期坐轮椅，马文仲的肌肉大面积萎缩，肋骨和髋骨已贴在一起。但他仍坚持每天讲7节课，与大家一起走过每个坚强而充实的日子。

13年来，他们为社会培养了1400多名学生，考入初中的就有近千名，后来考上大学的有10多名，升学率在全乡高居榜首，乡亲们把马文仲奉若"夫子"。

马文仲夫妻的意志和品质感染着周围的每一个人。尽管学校每月八九十元的工资时常发不下来，但教师们毫无怨言，乡亲们争相把孩子们送来，他们说，不求孩子"才高八斗"，只求跟文仲一样坚强上进；记者采访四年级的马慧菊时，她眨着眼睛朴实地说："俺爹、俺娘说马老师、谷老师是好人，要俺跟他们学！""好人！"这是淳朴的村民送上的最好的礼物！

马文仲夫妇的精神牵动了众人的神经，新乡市印染厂团委捐赠3000多册图书帮他们建起厂希望书屋；1999年教师节，新飞集团的老总亲自把他们送到北京，参加教师节庆祝活动；刚刚从北京返回，夫妇二人又受到中央电视台《实话实说》栏目的邀请，作为嘉宾，到北京参加节目录制……

马文仲说："我来日不多，能为黄河滩区留下座学校，虽死无憾。"

黄河滩上的这所学校、黄河滩上的这对夫妇在告诉人们：人活着就是要为周围的人、为社会做点什么。

（刘忠）

教孩子学会生存

　　"适者生存"是世间万事万物都必须遵循的基本法则。随着生活的日益富裕和家庭环境的不断改善，孩子的培养教育问题正在成为家庭生活的主题。该为孩子创造一个什么样的生活环境，培养孩子什么样的能力，是当今父辈们的热门话题。对此，我的观点是，在培养孩子的各种能力、满足孩子的各种需要的同时，千万别忘了孩子生存能力的培养。

　　曾读过徐正之先生写的一篇杂文，文中对蜜蜂种类变异的叙述颇耐人寻味。传说很久以前，有两只同宗的蜜蜂因为偶然的际遇，一只去了欧洲，另一只去了非洲……很多年以后，它们的后代演变成了两种性格截然不同的蜂种，分别被命名为欧洲蜂和非洲蜂。由于欧洲气候温和，蜜源充足，环境优裕，造就了欧洲蜂温和、善良、宽厚的性格。而非洲因为气候酷热，生存环境恶劣，又屡遭野生动物与人类偷袭，造就了非洲蜂勇敢、顽强、机敏的性格。遭遇袭击时，欧洲蜂需要4.3秒方能作出反映，非洲蜂只要0.25秒就够了；欧洲蜂对敌追击最多30米远，时间不超过3分钟，而非洲蜂可追敌200

多米，连续作战一个半小时。别的姑且不论，就生存能力而言，显然非洲蜂强于欧洲蜂，而造就本是同宗的欧洲蜂和非洲蜂性格与体能巨大差异的根本原因不是别的，正是欧洲蜂和非洲蜂截然不同的生存环境。

这个故事所揭示的道理同样适用于人类，所不同的是，蜜蜂对环境无能为力，只能用改变自己的办法去适应，而人类除了适应之外，还能够用自己的智慧和力量去改造环境。然而，有一点却必须引起我们的警觉，那就是，优裕的环境虽然能给我们带来生理和心理的满足，却也容易造成性格与体能的退化。据报道，在改革开放最先富裕起来的深圳，近年来就出现了一种十分令人忧虑的现象，一批富裕家庭的子女不读书、不做工、不务农、不经商，成为"四不青年"群落，被称为新一代"八旗子弟"，这正好印证了郑板桥的诗句："高门大舍聪明子，化作朱颜市井儿。"显然，这种情况的出现与优裕的生活环境不无关系。当然，我这里并不是说在优裕的生活环境中，孩子就必然只图享受、不求进取。新时期的英雄战士李向群同样出生在富裕家庭，可他却用自己的鲜血和生命，在当代青年中树起了一面旗帜，这归功于他父母正确的教育和引导。所以我们常说："再富不能富孩子。"相反，相对恶劣的家庭生活环境虽然给我们平添了许多忧愁和烦恼，可它却又是一本实实在在的生活的教科书，教会我们如何生存，怎样做人。俗话说"成人不自在，自在不成人"，为什么"穷人的孩子早当家"？"穷人"的孩子因为生活环境相对较差，不可能像富家子弟那样衣来伸手、饭来张口，吃穿用，一切必须自己动手，使他们从小就懂得生活的不易，在自觉地为父母分忧中建立起家庭责任感和社会责任感，一步步走向自立自强。

"自古英雄多磨难，从来纨绔少伟男"，这个道理对所有的父母来说都是浅显而明了的，但我们在培养教育孩子的过程中却并没有认真地加以应用，只给孩子以"甜头"，生怕孩子吃"苦头"。这里还有另外一个故事：兄弟二人要经过一片很大的原始森林，父亲拿出一杆猎枪和足够的面包，让兄弟二人挑选，每人只能选择其中的一样，小儿子选择了面包，大儿子选择了猎枪。一个月以后，大儿子走出了那片森林，还带出来许多熊肉、狼肉等战利品，而小儿子却在穿越途中被森林里的狼吃掉了。森林里有野兽出没，父亲和孩子不会不知道，如果这位父亲给小儿子的也是一杆猎枪，如果小儿子明白没有猎枪是断然走不出森林的，也许小儿子同样能够活着回来。可见，给孩子猎枪比给孩子面包更有利于孩子的生存。

在重视孩子生存能力和个性培养的许多国家，是不允许对孩子过于溺爱的。比如，孩子长到18岁就必须脱离父母，自食其力。在此之前，父母就必须努力培养孩子独立生活的能力和做人处世的本领，有的甚至有意识地把孩子放到艰难困苦的环境中去经受磨难，美国前总统肯尼迪的夫人就是这样。儿子11岁时，她就把他送到英国的"勇敢者营地"去受训；儿子13岁时，她又把他送到一个孤岛上，让他学习独立生活的技能；到了儿子15岁时，她又把他送到肯尼亚的荒野中，让儿子在极端恶劣的环境中学会生存。与此形成鲜明对照的是，我们的许多父母正在培养孩子的依附心理。我们常常听到一些父母抱怨如今的孩子难带，可抱怨之后又怎么样呢？我们抱怨孩子变懒了，自己却又去包办孩子自己的事务，比如帮助上学的孩子穿衣服、洗手绢、整理书包；我们抱怨孩子变娇了，自己却宁可上下班迟到早退，也要接送孩子上下学，自己节衣缩食，也要把孩子泡在蜜钵里；我们抱怨孩子越来越缺少独立性了，自己却又不放心让孩子独立地处理自己的事情，甚至连家庭作业也代替孩子做了……依我看，该抱怨的不是孩子，而是我们大人自己。

爱子之心，父母皆同。问题是，我们能够照顾孩子一时，却不能庇护他们一世，即使我们给他们再多的面包，他们也总有坐吃山空的那一天，获得真正的幸福还是要靠他们自己。

教孩子学会生存，他们就不会缺少面包。

（周江海）

行善，从小事做起

学做小善，是受父亲一件小善举的感化。

多年前，正是高考的日子。这天父亲下班后不是骑着他新买的自行车，而是推着一辆旧车回到家里的。母亲问他新车呢？父亲说借给一个参加高考的学生了。他解释说，那个考生的车链被链盒卡住了，越急越修不好，急得在路旁直抹泪，他就把车借给了那位学生。当时母亲和几位邻居以不信任的目光打量着"赶考"人的旧自行车。有人甚至说：人家要是能给你送回车子来，我就改了我这姓！现在的人，骗人的把戏可灵着哪。

快到吃晚饭的时候，那个高个子学生推着车子来了。他拉着父亲的手很郑重地说：师傅，我永远不会忘记您。

一晃六七年过去了。我们搬离了原来的住处，这事也早已在我的记忆中淡化了。有一天，白发苍苍的老邻居李大爷在集上碰到父亲，赶忙告诉他，说是前几日老宿舍区来了一位高个子青年人，说是特地来感谢当年给了他及时帮助的老师傅的。他现在已从北京理工大学研究生班毕业了。他说，如果不是当年老师傅借给他自行车，他可能就不会有今天。

这件事使我受到了震撼。想想看吧，如果当时那位青年因修车不能如期进考场，就可能会失去考试的机会，至少要影响他的高考成绩。那么他就可能会被小小的"车链子"卡在大学门外，更别说读什么研究生了。父亲的一个小小善举，带来的影响却是如此深远，甚至可以毫不夸张地说，它改变了一个人一生的命运。我由此深深体悟到古人强调的"勿以善小而不为，勿以恶小而为之"的深刻意义了。

记得著名诗人郭小川对自己简陋的书桌喜爱有加且充满感激之情，写下了这样的诗句：占三尺地位，放万丈光辉。小小书桌能放射万丈光辉，小小善举同样能散发无限馨香、无限光芒，这馨香和光芒，温暖人心，香远情长。

从此，我学会了在生活中尽绵薄之力去做些小善事，并尝到了为小善的甜头。一天，我经过一个宿舍区，见一群人正在自来水管旁起哄。原来，两个中年妇女在激烈地争吵。一打听才知道是因为抢水发生了冲突。再一看水管子，水龙头早已不知去向，水正从一截黑皮管子里流出来。显然，因为没有水龙头，人多了就争抢，没人的时候，水又白白流掉了。这触动了我，下午，我悄悄到商店买了只水龙头和一把管钳，兴冲冲地去安水嘴。一位胖胖的白发老大妈见了，埋怨我说：你们咋不早点来修理？老惹得居民打架。我说，大妈，我不在后勤干维修工，这水嘴和钳子都是我自己买的。这位大妈惊奇得两眼大睁，一个劲咂舌，忙进屋拿来烟和水，还引来一帮妇女，说，看看，这是人家自己花钱费力为咱们做好事，这小伙子真不孬啊。

后来，接连几天，她都在水管子那儿做义务宣传，说有个小青年自己花钱买了水龙头给咱换上了，咱大伙可要爱惜水管子，节约用水啊。那里的人听了都挺感动，都说，还是好人多呀，咱可要节约用水。于是，每个人一接完水，就赶紧拧死，恐怕浪费了。而且接水也不再乱挤了，都主动排起了长队，一些青年人还帮着上了年纪的老人往家里送水，呈现一派互帮互助乐融融的景象。不良的风气竟被一点点小善改变了。

这使我多振奋呀！从那以后，只要看到有损坏的水龙头我就买来新的换上，甚至连附近农村的我也给换。如果发现了损坏的水嘴而没有及时去修理，我就觉得很不安宁。而每换一个，我心里就增添一份快乐。从换水龙头这件小事上我体会到：人都有一颗渴望文明、积极向善的心，只要人人从点滴做起，滴水之善终将汇成汩汩涌泉。而且这小善还会像石块丢进水里，会引起一系列的波纹和连锁反映，甚至会引来一阵滂沱甘露，从而涤荡种种不文明的尘埃，灌溉和滋润人们的心田，化育出文明的绿洲。

有时，一件小善能带来意想不到的社会效益和政治影响。1999年我们公司遭遇了前所未有的困难，职工连续7个月没有开工资，特困户骤增。作为一名工会干部，每天我都接触到一批来请求救济的人。听着他们的诉说，真让人忧心如焚。三十四十的救济不过是杯水车薪，而后来连这点钱也没有了。有时，我只能流着同情的泪听他们讲述，最多，尽自己所能把一点点稿费送给他们。有一天，一位老大娘领着两个十几岁的小女孩来到我的办公室。她一张口就哭起来，说，她的儿子是矿工，4年前和儿媳一块去世了。是她和老头子拉扯着两个孙女。现在，因几个月领不到退休金，用不起煤气罐，只好点炉子，满屋是烟，这使老头子的肺心病加重了，又吃不起药，只能躺在床上，家里的面粉也吃光了。听了老人的话，我忙把一床被子和100元钱送给这位矿工的母亲，让她先买上面粉和煤气再说。大娘拉着两个孙女要给我下跪，我扶起她们，让她们走好。晚上，我躺在床上，依然可怜着这位老大娘一家人。我仿佛看到是自己的母亲正拉着两个孩子在请求人们救助。想着他们的苦难，泪水不由打湿了被子。我在心里想，困难职工都是我的亲人啊，可这么多的困难家庭，我可怎样去帮助他们呢？我一个书生能为他们做些什么呢？指望我一个人来送给他们一点点可怜的钱财能起多大的作用？想到书生，我眼前一亮，我想，我能写稿子，为什么不把情况写一写向上面反映一下呢？第二天，我就开始了调查工作，收集了职工们的困难现状和大量的感人细节，很快写了一篇职工困难情况调查报告送到了公司工会。过了十来天，上级工会领导陪着几位市民政局的同志来我们矿进行了一番实地调查。又过了几个月，一笔高达60万元专门用于我们企业的"居民最低生活保障金"从省里拨了下来。听上面的同志说，原来，我的报告送上去就引起了高度重视，工会马上向市民政局进行了汇报，民政局又迅速向省里进行了汇报。这时恰好召开全省民政会议，会上，我们市民政局的王局长，流着热泪报告了我反映的情况，感动了与会的全体同志。省委主要领导对此做了重要批示，于是才有了这项专款。

这真是令人吃惊的结局。一篇小小的报告，竟让困难职工领到了足以保障他们基本生活的救济金。他们流着泪水向我们的党和组织表示他们真挚的感谢。党的威信又在职工群众中提高了，企业的凝聚力又增强了。天寒地冻中，我感到了春风的暖意。看到困难户接到保障金时脸上绽开的感激加欢喜的笑容，我体验到了"润物细无声"的快乐。

我又一次认识了小善的非凡意义，也更引起了我对小善的深深思考。著名画家丰子恺先生在《怀李叔同先生》中满怀深情地记载了这么一件小事："有一次他到我家，我请他藤椅子里坐，他把藤椅子轻轻摇动，然后慢慢地坐下去。起先我不敢问，后来看他每次都如此，我就追问。法师回答我说：'这椅子里头，两根藤之间，也许有小虫伏着。突然坐下去，要把它们压死，所以先摇动一下，慢慢地坐下去，好让它们走避。'"这件小事，在常人看来有点"不可思议"，但这正是善的具体体现。所谓"不为小恶，即是大善"。在这位一代名师眼里，众生平等，万法平等。人视小虫可能如微尘草芥，而从宇宙的高处观看人类，也如小虫一样。因此，法师以无限慈悲之情怀，关爱着小虫，也就是悲悯着苍生。一花一世界，一叶一如来。一滴水蕴含着的是大海之情，一块石代表着的是高山之貌，一件小善反映了人类的本质追求，体现了生生不息的人类精神和自然法则。所以小善的力量也能感天动地。一首歌里唱道："只要人人都献出一点爱，世界就会变成美好的人间。"这就是劝导人们要无私地多做小善。从以上几件小事中可以看出，小善是多么可贵啊，它像一盏小灯，光虽然有限，但它能使很远的人都感受到它的存在和暖意。如果是个迷路人呢？这灯就有可能成为他调整方向和步履，走出歧途和避免陷入泥淖或深渊的航标了。对经常做好事、施小善的人，会有一种"积土成山，积善成德"的喜悦，纯美之情时时鼓舞着他，纯洁博大的爱就会不断从他的心灵深处汩汩涌流，既涤荡着身心的浮土尘埃，更升华着人生的境界。而对于那被帮助和关爱的人呢，这小善如一盏突然点亮的灯，霎时会温暖他凄冷苦涩的心房，营造出一道美丽动人的风景。这是因为，所有的小善均来自一个巨大的光源，这个光源就是人的奉献精神和真挚的爱心——对自然、对生命、对人类的深深爱心。

　　一棵小草也知道要以其翠姿来回报三春之晖；一只蚂蚁也知道要通过辛勤的劳动来回报大地；一片雪花也知道要用自己的洁白无瑕来回报苍天。作为一介书生和普通工会干部的我，自知不能干什么轰轰烈烈的大事，便只能尽其寸心，多做些小善回报社会和职工。

（晓草）

帮助孩子建立友谊的方法

　　对大部分人而言，一生中最真挚、最恒久的友谊，是在孩童时代建立起来的。因为童心无邪，他们的交往不会以功利为目的，也很少有成人交友的世俗和偏见，因而孩童时代的友谊总能给未来的生活留下许多美好的回忆。

　　如何看待孩子之间的友谊，如何鼓励和帮助孩子交友，是家庭教育中不可缺少的重要一环。

　　一、父母要以身作则。父母是孩子的第一任老师，孩子首先模仿的是自己的父母，因而为人父母者，在孩子面前要成为重视友谊的模范。做父母的能记得起朋友的生日，经常安排朋友到家里聚会，乐于助人也愿意接受别人的帮助，就是用行动向孩子表明了友谊的宝贵。父母不要在孩子面前谈论朋友的缺点，不要在孩子面前谈论诸如"朋友以前送了多少礼物，这次该回送多少"这样的话题，不要让世俗的铜臭玷污了友谊的纯洁。

　　二、培养孩子的爱好。友谊是以共同爱好为基础的。如果你的孩子不会游泳，会游泳的孩子就不会轻易叫你的孩子去游泳池戏水；

如果你的孩子没有画画的爱好，喜爱写生的孩子就不会邀你家宝贝同往。少种兴趣，就可能失去一种交友的途径；缺少某种特长，将有可能少了某种交友的圈子。

三、尊重孩子的个性。成人有自己的交友原则，孩子也有自己的交友偏爱。例如父母对交友的看法是"四海之内皆兄弟"，喜欢广交；而孩子却只喜欢与那么二三位知心朋友交往，不轻易与其他的孩子一起玩。作为父母就要尊重孩子的偏爱，千万不要把自己的意志强加到孩子头上，让孩子感到无所适从。

四、让孩子在交往中学会交友。俗话说"近朱者赤，近墨者黑"，父母本着对孩子负责的原则，一方面希望孩子能交到好朋友，以利于孩子的健康成长；另一方面则怕孩子交上坏朋友，被朋友所误，这是可以理解的。但是，"不经风雨，哪能见彩虹？"不让孩子在交友中经历摸爬滚打，又怎能明白友谊的真谛。强强是个粗鲁无礼、好斗逞强的男孩，刚搬过来的冬冬在与强强的玩耍中挨了强强的打。冬冬回家后，哭哭啼啼地把这事告诉了妈妈。对孩子所受的委屈，妈妈虽然心疼不已，但她并未简单地阻止儿子与强强的交往，只是要他以后注意点，不要惹怒了强强。没过多久，冬冬不用妈妈提醒也就不与强强交往了。冬冬对妈妈说："他既凶，又没礼貌，不值得做朋友。"

五、善待孩子的失意。率直、纯真的天性决定了孩子交友的纯洁；同时在一定意义上，也可以说孩子之间的友谊"不堪一击"。本来一直玩得不错的朋友，可能因某件小事而立马翻脸。成成和浩浩一直玩得不错，两人你来我往，隔不了几天，不是成成上浩浩家去玩，就是浩浩到成成家来玩。两人的玩具、图书还互相交换着，做到了"资源共享"。一天，成成气冲冲地跑回家，对妈妈说："浩浩那个小气鬼，我再也不和他玩了！"妈妈在与浩浩的妈妈通话后，了解到了事情的原因，便轻声地对儿子说"浩浩的玩具飞机是他妈妈今天刚给他买的，他自己都还没玩够，怎么会轻易借人呢？说不定过上几天，他就愿意借给你了。""如果因为这样一件小事，你就不再理他，那你不就少了一个朋友吗？"过了两天，成成和浩浩又玩到了一起，浩浩也把他的玩具飞机借给了成成。妈妈的明智做法挽救了孩子的友谊。

六、珍惜友情，远离"早恋"。一个不可回避的事实是，孩子到了青春期，原本交往不错的男孩、女孩大部分很少交往了，而极少数的异性孩子又交往过密，被人视为"早恋"。处于青春萌动的少男、少女的害羞心理，和父母对男孩女孩的交往所持的否定态度，使得男孩、女孩形成"对垒"状态；个别孩子由于禁不住情窦初开的诱惑，或者是因为父母管教不得法，而让孩子过早尝到了"爱情"的苦涩。以上是男孩、女孩交往的两极状态，都不利于孩子身心的健康成长。

男孩、女孩的交往，是孩子正常交往的一部分。鼓励这种交往，不但能促使孩子交往能力的提高，而且有利于孩子情感发展的健康完整。处于青春萌动期的孩子本来就有着害羞心理，因此在孩子的异性交往上，家长的鼓励是十分重要的。这种鼓励，要求父母能对处于青春期的孩子施以健康的观念，导之以有效的方法，让孩子明白友情与爱情的区别，把握好友情的尺度；要求孩子在异性的交往上，求广泛而忌单一。一则可以建立广泛的朋友关系；二则可以将青春的情感分解开来。要相信孩子又不放任自流。当发现孩子对某某同学有异样情感时，要通过各种手段，让孩子与他减少接触和适当回避是很有必要的。

友情、亲情、爱情，是人世间最美好的情感，而友情是其中最为复杂而又极其广泛的。帮助孩子建立起一种健康向上的友谊，不仅能丰富孩子的生活，而且对孩子的健康成长极其重要。

（胡望中）

你能行

少年时，我们一家住在怀特普莱斯市，当时我最好的朋友是巴利发·威廉姆斯。可是，从很多方面来看，我们的生活是完全不同的。他住在两层的木房子里，他们的房子带有后院；我住在一套租来的公寓里，生活困难。他是黑人，我是白人。我高中没有读完，他却考上了哈佛。可是我们有一点是共同的，对我们的一生产生重大影响的是同一个人——他的妈妈，威廉姆斯夫人。

那时，我甚至还不知道威廉姆斯夫人的名字，她是个受人尊敬的中学老师，高个子，独自抚养三个儿子，他们一家人住在我们家对面。有时威廉姆斯夫人会给我们讲故事。"很久以前，在英国的一个多沼泽的农村地区有一个名叫皮普的孤儿。一个阴冷的晚上，皮普来到他父母的坟前。天空很暗，风呼呼地刮着，皮普很害怕，开始哭起来。突然，一个深沉的声音说：'别出声，不然我就割断你的喉咙！'一个可怕的影子在墓碑之前升了起来。"

"然后发生什么了？"我着迷地问。

她笑着说："如果你想知道，就去读查尔斯·狄更斯写的《孤星血泪》吧。"她用这种方法让我喜欢读书。

有时，我和巴利在星期六的时候在他家的车库外面玩，他妈妈会叫我们说："你们能帮帮我吗？"她叫我们帮忙辅导一个来家里的学生。威廉姆斯夫人竟然认为我可以帮她教学生，我为有这样的机会而自豪，直到很久以后我才知道，通过教别人我和巴利可以学到更多东西。

威廉姆斯夫人总是要检查巴利和他哥哥的家庭作业，如果我去她家，她就叫我带作业去做。通常巴利和我会坐在饭桌上写作业，威廉姆斯夫人坐在离桌子不远的地方，随时准备回答我们提出的问题。

因为我常常不够耐心，容易泄气。当我算不出数学题或者写不出作文的时候，我会泄气地把铅笔扔在桌子上。这时候，威廉姆斯夫人会平静地坐在我的旁边，一步步地教我怎样做。她总是平静而肯定地说："沃尔特，你能行。"我也平静下来，在她的帮助下努力完成我的作业。

威廉姆斯夫人担心我的教育质量。

我们准备读高中的时候，巴利申请的是寄宿学校。威廉姆斯夫人相信我最好也读寄宿学校，这样我才不会在街上乱逛，她见到太多孩子因在街上闲逛慢慢变成问题少年。我进入了预备学校，并且又一次获得了奖学金。但当我看到其他孩子穿着平整的衬衫和漂亮的夹克，我所有的不安全感都回来厂。我觉得待在学校里没什么意思。我进入了镇上的高中，读了一年半之后，我几乎每门课都不及格，只好辍学回家。

我非常难为情地去告诉威廉姆斯夫人我辍学的事情，她用那平静的棕色眼睛看着我，什么都没有说。我耸耸肩说道："我要加入海军陆战队，不需要读完高中课程。"

她平静而淡然地说："好吧。沃尔特。虽然我不认同你的观点，但你已经长大了，可以自己决定怎么做了。"6个月后，在海军陆战队里我意识到了威廉姆斯夫人说得很对。过了3年半我将退役，一个21岁的没有文凭的青年，我将有什么样的未来？

经过再三考虑，我找到军士长，对他说："我想上学。"第一步，首先要参加一个相当于高中毕业考难度的考试。我肯定考得不错，因为看到成绩之后，海军陆战队帮我报了一个特别的业余学习班。开始上学的时候，我又感到困难了。老师上课，我开始不厌其烦地记笔记，但是我不会的东西太多了，那么多，以至我觉得我永远不能学会了。我想，我没有办法读完了，只要放下钢笔，我就可以走出这个门。但是，我的脑海里突然响起了威廉姆斯夫人温暖而肯定的话语："沃特，不要放弃，你能行。"我没有把握，但为了威廉姆斯夫人，更是为了我自己，我要努力一回。我拿起笔，继续认真听老师讲课和做笔记。

在学习班结束的时候，我们班24个人我考了第7名，那是我一生中最高兴的事情。我迫不及待地要把好消息告诉威廉姆斯夫人，但当我回到家的时候，威廉姆斯夫人已经不住在我们家对面了，她已经搬走，我们那里没有一个人知道她的新住址。

从海军陆战队退役后，我继续学习，并获得了学士学位。到26岁的时候，我成了一个新闻从业人员，接着成为一名报纸编辑，最后成了《大观》杂志的主编。

几年前，我跟一帮朋友吃饭的时候说了这样一番话："我认识的所有成功者都有一个共同点，在他们少年时代总会有一个人对他们说'我相信你能行'。对于我来说，那个人就是我最好的朋友的母亲，威廉姆斯夫人。我要给她献上崇高的敬意。"

过了一段时间，我跟《大观》杂志的一位资深调查记者说了威廉姆斯夫人。"我希望能够跟她联系上。"我说。几天后，那位记者打电话给我。他说："沃尔特，威廉姆斯夫人就住在离你几英里的地方，她退休了，她的儿子巴利是一名成功的律师。"

我把威廉姆斯夫人请来我家，我做的第一件事就是一遍又一遍地感谢她为我做的一切，告诉她我取得的成绩。

她开朗地笑道："沃尔特，你当然能行，我早就说过啦。"她的语气还是像很多年前那么肯定。只是，我曾经不相信自己。

（韦盖利 编译）

心中的"鞭子"

　　我每天上下班必须经过一家职业介绍所。介绍所门前人来人往、门庭若市。看着这些"杀进杀出"的求职朋友，我忽然觉得自己拥有一份稳定的工作真好。

　　但这一点点优越感，顷刻间被我的一位同学打得粉碎。

　　那天下班经过职业介绍所，突然一个熟悉的身影进入我的视线，这不是大学同学琴吗？我跳下自行车，赶紧叫住她，老同学久未见面很是激动。

　　"琴，你来这里干什么？"

　　"找工作。"

　　我无法相信自己的耳朵——琴，下岗了！

　　琴和我既是同乡，又是大学同学，只是所学的专业不同。但她是系里的高才生。大学毕业后，琴分到一家资产近亿元的国有企业。

　　琴告诉我，她下岗半年多了，一直未找到工作。许多职业介绍所，对女性的年龄卡得很严，一般都要求在三十岁以下，虽然她才三十出头，但许多就业机会就已不属于她了。现在她不仅没有工作，没有工资，可找工作时还要交报名费、笔试费、面试费……

找工作真的如此之难？

从此以后，每当我经过这家职介所门口时，心里总在想：琴找到工作了吗？那些求职的朋友是否也找到工作了？如果我下岗了，能否像他们这样面对现实，勇敢地去寻找属于自己的位置呢？不记得自己有多长时间没拿起专业书了，安逸的生活已使我完全丧失了紧迫感和危机感，甚至动点脑子都觉得头疼。如此下去如何面对激烈的竞争？我感到心里有一种非常沉重的压力。

我仿佛觉得这不是一家职介所，而是横在我上下班路上的一根"鞭子"。

这使我不由得记起儿时常和母亲去乡下看外婆的情景。在乡下，见老农时不时扬鞭抽打拉犁的牛，心里很是不平，便问母亲，老农为何要扬鞭打牛呢？母亲笑着说："傻丫头，牛惰，不打不肯走呀！"我这才明白，牛的勤劳是叫鞭子给抽出来的。

如今想来叫鞭子"抽"出来的岂止是牛！其实人往往也是少不了"鞭子"抽的。要不，人们怎么会常把"鞭子"这词儿挂在嘴边？只不过那"鞭子"是无形的罢了。但是人毕竟不同于牛，成天让人拿着"鞭子"赶是没有出息的，而且也不可能老是有人拿着鞭子跟在你的后面。最好的办法，是心中常悬一根鞭，时时鞭策自己。

为此，我从原先的知足常乐，忽然变得思绪万千。也许是人无远虑必有近忧吧，我捧起了尘封已久的书，拿起了生疏的笔，把许多日落黄昏、风花雪月、晨曦越启的空闲时光塞得满满当当，把那些曾经很无聊的日子点缀得激越跳荡，让一分一秒都发出生命的光彩。

不过，我也常常会惰性发作，做事总想到还有明天，但每当此时，我就会毫不客气地、狠狠地给自己一"鞭"。因为我心里总在想，现代社会是一个竞争激烈的社会，只有努力工作，不断提高自己，时刻准备着，把压力变成动力，先他人之忧而忧，后他人之乐而乐，才能在优胜劣汰中立于不败之地。

（胡霞）

如何修补受伤的友谊

　　某舆论机构对2000人进行了一项调查，要他们指出一至两件认为是生命中意义重大的东西。结果友谊远远排在住房、工作和汽车之前。大多数人认为，友谊是一笔了不起的财富，值得用心爱护。

　　但友谊也是易碎的。与要好的朋友发生矛盾冲突，导致关系恶化，闹得不欢而散，甚至反目成仇，这可不是我们愿意看到的。幸运的是受伤的友谊还可修补。下面是专家的一些建议：

1. 摒弃你的傲气

　　这可非常不容易。但丹妮斯·莫兰在友谊产生危机时却做到了。诺拉到内华达州进修牙科时委托莫兰照顾她的两个女儿，莫兰愉快地接受了，尽管这是个苦差事。

　　可诺拉学成归来，却很长时间都没有给莫兰打一个电话，更不用说邀请她参加其中一个女儿的生日派对。莫兰感受到自尊心受到了伤害，发誓再也不理睬诺拉。可后来她收起自己的傲气，坦诚地向诺拉说出自己的感受。原来诺拉十分担心由于与丈夫和两个女儿分离时间过长，是否已造成感情隔阂，她始终为此忧心忡忡，根本没有心思想其他事情。诺拉懊悔地说："如果不是莫兰主动打来电话，真不知道我们的友谊已被我伤得这么深。"

2. 真诚地道歉——即使你也感到委屈

如果你不小心得罪了朋友，而你又不愿意主动和解，那么你们的友谊很可能就此结束。而这时候你向朋友道歉，实际上也给了朋友一个自我检讨的机会，哪怕你心中也有委屈。

彼得与好友查理合租一套房间，两人商量好由查理先把房租付清，但查理却没有照此办理。房主对彼得说要起诉他们。彼得非常烦躁，气愤地在电话里对查理吼道："这不能开玩笑！你在毁坏我的声誉。"

事后彼得非常后悔一时的情绪失控，他知道查理并不是有意伤害他，只是因为散漫惯了。"即使我的朋友的确该先向我道歉，我也不该发那么大脾气。"于是彼得又打电话给查理，说："对不起，我不想因为这点小事毁了我俩的友谊。"结果查理不但承认了自己的过错，而且马上去付了房租。

3. 站在朋友的角度看问题

某社会学家曾对53位成年人进行采访，以了解能够跟朋友保持数十年友谊的秘诀，得出的结论是：多为朋友着想。同时发现，哪怕是一点小小的误解，都有可能葬送掉多年的友谊。

简·耶格尔的父亲去世了，她的一位密友竟没有前来参加丧礼，也没有来信或来电解释原因。简倍感失望。可不久简得悉密友还没有从同样失父的巨大悲哀中恢复过来，不参加丧礼也是为了避免触景伤情。"我的看法立即完全改变，不再感到自己受到了轻视。相反，我对朋友深表理解和同情。"简说。

4．承认友谊是不断变化的

辛迪·劳森和一位朋友约好，共同主持另一位朋友的结婚送礼会，俩人还商定一起分担费用。结果那天辛迪独自布置会场，接着为25位来宾准备晚餐。而她的合伙人在结束之前才姗姗来迟，来之后不仅没帮上忙，还为分担费用的事而抱怨不休。

辛迪的怒火到了快要爆发的程度。可转念一想，她俩都参加着同一个图书俱乐部，有不少共同的朋友，并且经常和俩人的丈夫一同外出吃饭。于是辛迪做出决定，还是维持这种关系吧。但朋友从前不是这样的，辛迪深感俩人之间的心理距离拉大了，意识到今后只能是一般关系，而不可能是亲密的朋友之情了。

友谊总是随着我们各自的需要和生活方式的改变而改变。朋友当然越多越好，但将他们分门别类还是必要的。

（明廷雄　编译）

姊妹博士后的成材真谛："成人"是第一位

几年前，张琳、张璐姊妹俩双双考取广州第一军医大学博士生。1999年两姐妹以优异的成绩毕业，并分别留校任教。2000年8月，姐姐张琳经广州第一军医大学推荐，美国辛辛那提大学通过网上交谈，调阅资料，后又经过近于苛刻无情的面试，对张琳的逻辑判断能力、课外特长、个人品德及与众不同的特点等非常满意，便邀请她以访问学者的身份到该校攻读博士后，每月为其提供2600美金费用。不久，第一军医大学又将张璐推荐给美国哈佛大学等几所著名学府。几所大学经过严格的考试、面试之后，均同意接收张璐到校攻读博士后，但她纵横权衡，最后选定了姐姐就读的辛辛那提大学。2001年6月20日她以访问学者的身份应邀赴美深造。

消息传来，其父母所在单位——解放军460医院的医护人员纷纷以羡慕和钦佩的语气谈论着："张振宇夫妇真有福气，两个女儿都成材啦！他们真是教子有方啊！"

的确，一双女儿，两个博士后，这除了其他因素之外，良好的家庭教育是其成材的坚实基础。我们在采访中发现，张家的家教是成功的家教，也是很有特色的家教。其成功的关键就在于：家长始终注重言传身教，注重塑造孩子的道德品格。

"成人"是第一位的，"成材"是第二位的

谈到两个成材的女儿，老两口的脸上绽放出甜蜜的笑容；然而，要他们谈谈家教的成功经验，两位老人却带着遗憾和抱歉的口气说："讲真的，与别的家长相比，我们都觉得对不起孩子。她们小时候，我们在她们俩的身上花的心血远远没有别的家长多。许多家长都望子成龙，对孩子的学习十分关心，除了给孩子买各种资料、送孩子去参加各类专业培训班外，还要做孩子的'陪读'，给孩子增加作业等等。而我们根本没有这功夫，不但没空当'陪读'，就连正常的课程辅导都坚持不了。平时对孩子的教育，与孩子谈心，都是在饭桌上进行的……"

"利用这点时间，你们都对孩子讲些什么？教些什么？"我们不禁问道。

张振宇夫妇一边回忆往事，一边对我们说："大多是讲些有关做人的道理，很少给她们辅导功课……"

和现在的许多年轻家长相比，张振宇和王素琴夫妇有着特殊的人生经历，也许这正是形成张家教育特色的主要因素。

张振宇，1938年出生在豫南山区南召县一个贫穷的农家。在那兵荒马乱的年头，对于张振宇这个穷孩子来说，上学简直是一种奢

望。因而，他只好和山里的小伙伴们一起在坎坷的山间小径上打发儿时的光阴。新中国成立后，12岁的张振宇才有机会走进学校。因此，他格外珍惜这个机会，发誓勤奋学习，用知识改变自己今后的命运，好好报答人民，报效祖国。有了这种动力，他常常用数倍于人的吃苦精神对待学习，相应地也换回了优异的成绩。此外，他与人为善、助人为乐、积极上进，颇受师生欣赏。上高二时，就光荣地加入了中国共产党。在共和国十周岁生日前夕，张振宇以优异的成绩叩开了河南医科大学的大门。在大学里，他凭自己优秀的学业和出众的领导能力，赢得了同学们的拥戴，一直在学校的党、团组织里担任着领导职务，并铸就了他优秀的人品。在大学校园里，他认识了本届同学中一位相当优秀的女学生干部——来自安阳县的王素琴。二人迅速成为无话不谈的好朋友，经常在一起谈理想、谈人生、比学习、比进步，毕业后，他们怀着对人生的美好憧憬，走上了各自的工作岗位。

1966年，鸟语花香、万物葱郁的季节，两人携手相拥踏上了人生的红地毯。70年代，"送子观音"先后将两个聪明伶俐的女儿送到已过而立之年的张振宇夫妇的膝下。面对两个乖巧的女儿，他们一边品尝着初为人父、人母的幸福和甜蜜，一边在思考着对孩子的教育、培养问题。

作为50年代末期为数不多的夫妻大学生，他们深知教育和培养孩子成材的必要，同时，他们更懂得培养孩子"成人"的重要。在他们夫妇的眼里，培养孩子优秀思想品格的意义远远大于培养孩子的优异学习成绩。这就是他们常说的"成人"是第一位的；"成材"则是第二位的。那么，究竟怎样培养孩子"成人"，他们有自己的教育思路和原则：要用自己的人品、人格感召孩子、引导孩子、教育孩子；要时时处处给孩子做表率、树榜样，对孩子潜移默化言传身教；即使孩子培养不成材，但也必须要培养成各方面品质优秀，对社会有用的人。

孩子的心灵是一方净土，播什么种就出什么苗

"别看孩子小，她们也有鉴别能力，因此要想让孩子听大人的话，首先大人要保证自己在孩子心目中的地位——要有值得孩子尊重的地方，要做孩子心目中的偶像，要让自己的言行受孩子崇拜才行。"张振宇夫妇如是说。

在两个女儿的心目中，她们的父母真正是救死扶伤的白衣战士，是工作狂。父母经常夜以继日、通宵达旦，做试验、查资料、写论文。早晨，只见父母眼睛里布满血丝，一脸疲倦，然而上班时间一到，他们又振作精神，兴致勃勃地走上岗位，兢兢业业地开始一天的工作。

母亲从事临床传染病专业37年，担任13年的科室主任，先后数十次受到军中的通报表彰和奖励，其事迹多次被中央电视台、解放军报、光明日报等数十家媒体报道。她独立完成的三项科研成果在

国际国内都曾引起过强烈反响。

父亲是一位正统而民主的家长，在单位里他是专家型的领导。他始终严谨地对待自己专业，经常主持一些重大课题的研究工作；身为一院之长，还经常走进病房、手术室，为一些典型病号、危重病号诊断病情、理疗、手术。在领导和管理方面，他始终以身作则，时时处处起模范带头作用，从不徇私情，处处以国家利益、单位利益为重。

有一年，医院建病房大楼，当然有许多建筑公司为了承揽到该院的建筑业务，纷纷求人托关系、找门道，还有的要向他这位当院长的"表示表示"。张振宇严词拒绝，公开招标，让施工单位公平竞争。

两个女儿听说爸爸的举动之后，在爸爸走进家门的那一瞬，竟高兴地为爸爸鼓起掌来……而张振宇却带着几分严肃的口气对孩子说："你们能认识到爸爸做得对，为爸爸鼓掌，爸爸很满意。不过还要了解我这样做的原因，其一，我和你妈都是老共产党员，我决不能给党旗抹黑。其二，我也是在引导你们将来走正路。"爸爸的话犹如一缕温暖的阳光，洒进女儿稚嫩的心房。不久，两姐妹在大学校园里也先后入了党，这个"全员党员之家"总是充满正气。

父母的方方面面表现，两个懂事的女儿看在眼里，记在心上。姐妹俩从小就多次发誓：我们长大了一定像父母那样对待工作、对待事业、对待人生，像父母那样为人处世。

后来姐妹俩长大成人、踏入社会，她们无论是学习态度，还是工作作风，都酷似父母，时时处处高标准严要求，慎之又慎。1999年，姐妹俩以全优的成绩在广州第一军医大学博士研究生毕业，又双双留校任教，张琳被分配到中心试验室，张璐进了电镜研究室，成了两朵令人羡慕的军中姐妹花。她们深知，老师的职责就是教书育人。为了给学生上好每一节课，她们认真备课，每节课前姐妹俩都互相"观摩"，互提意见，共同探讨，完善教案然后再上讲台。课堂上，姐妹俩独特的气质，渊博的知识，滔滔不绝、深入浅出的讲解，深受学员们的欢迎，也赢得了一些老专家、老教授的好评。

家长是孩子的镜子，孩子是家长的影子

在姐妹俩的记忆里，她们的父母始终是身正为范，真情施教，他们一方面以自己的行为给孩子做榜样，另一方面对孩子严格要求，要求她们做人要诚实、要善良、要尊老爱幼。

在姐妹俩的记忆里，随时可以搜索到这样的镜头：工作之余，爸爸、妈妈经常抽空到病房去看望自己的病号，给他们送去温暖、送去安慰；还常常看见爸爸、妈妈扶着老年病号、残弱病号，散散步、运动运动；至于给困难病号送汤、送饭，更是常有的事。用父母的话说，这叫行善。

在一个寒风呼啸的晚上，妈妈很晚还没下班回来。姐妹俩满院地找，结果在一个人群中找到了妈妈，她在那里陪着一个夭亡女童

的家长正悲伤挥泪，两姐妹觉得蹊跷，咱跟她家非亲非故，她也不是妈妈收治的病号，妈妈为何这般伤悲姐妹俩一个人拉着妈妈的一只手，在众人的劝说之下，总算把妈妈拉回了家……事后，她才向女儿交了底：我也是当妈妈的，看见那个夭折女孩的妈妈哭得那么伤心，我是情不自禁……其实，对于王素琴来说，这类事情是经常发生的。她的情绪经常随着自己病号的病情变化而变化——病号的病情好转了，危重病号脱险了，她脸上的笑容灿烂如花；如果普通病号老是不见好转，危重病号一时脱离不了危险，她总是满脸愁云，吃不下饭、睡不好觉，甚至长时间守护在病床前，观察、诊断、治疗。她始终视病人为亲人。这就是母亲的工作和为人，这就是母亲的真诚和善良。

父母的言行在女儿的心田里播下了善良的种子，张琳姐妹自幼就心地善良，敬老爱幼、礼貌待人，凡是学校搞捐赠活动、献爱心活动，姐妹俩总是最积极参加捐款捐物最多的。让王素琴至今难忘的是，1977年冬季，王素琴心肌炎突然发作，已报病危，被送进急诊室，丈夫张振宇日夜守在病床前。那时，刚刚七岁的张琳就带着妹妹，一边承担着全部家务，一边往病房里送饭、送汤。两个孝顺的孩子，看着妈妈的病情严重，整天以泪洗面。

王素琴的病尚未痊愈，操劳过度的张振宇又病倒了。王素琴只好拖着虚弱的病体，强撑着照顾丈夫。看见父母病恹恹的样子，小姐妹的心情十分沉重。姐妹俩多次商量：爸爸妈妈病了这么长时间，身体很虚弱，我们还是买点东西给他们补养补养。她们知道爸爸喜欢吃猪肝，妈妈爱吃猪肚，小姐妹那天一早就出门，跑了好多地方，也没发现有卖这些东西的。最后，只好买了一只鸡。直到中午时分，张琳提着一大包父母爱吃的各类食品，张璐抱着鸡子回到家里。看着两个孩子那冻红的脸蛋和小手，王素琴把孩子揽在怀里，禁不住热泪长流。女儿一边给妈妈擦眼泪，一边对妈妈说："妈妈，你们爱吃的猪肝、猪肚，我们不知哪有卖的，今天没买到，你告诉我们，明天我们再去买。"

1980年冬天，因工作需要，王素琴要下乡三个月。凑巧丈夫又在外地学习，她只好把婆母接过来照顾两个孩子。可是她走后不久，婆母就生病了。姐妹俩在家里尽心地照料着奶奶，整天帮助奶奶拿药、端水……每顿吃饭时，为了买饭，姐妹俩一个人拿着碗、盆，一个人端着凳子——因为个子低，够不到卖饭的窗口。在窗前买饭时，张琳站在凳子上买饭菜，张璐在下边接，常常因饭菜太烫或是没站稳，饭菜洒在姐妹俩的身上。等到王素琴回来时，看着两个孩子面黄肌瘦，心里一阵酸楚。然而听着婆母介绍，看着两个孩子不管干什么家务都熟门熟路，王素琴的脸上又荡漾着笑意，着实将女儿表扬了一番。

不论何时何地都要自立自强，不断进取

姐妹俩入学之后，总是共同学习、互相鼓励，共同进步。从小

学到初中，她们一直是班里的优等生，是同学们号称的"三好生"专业户。虽然父母没空辅导，但她们学习非常自觉、勤奋，每天晚饭后，干完家务，姐妹俩便主动拿起课本，回到自己的房间，认真复习、预习功课。每次作业，姐妹俩互相检查，生字互相听写，课文互相检查背诵情况。有好多次，张振宇夫妇在自己的书房里查阅资料、撰写论文，直到深夜12点多钟，发现孩子还没有休息，就去敲门催她们睡觉，可得到的回答是："时间还早，让我们再学一会儿，你们不也没睡吗？"

从孩子上学的第一天起，父母就对她们灌输着这样的观点："知识的问题是一个科学的问题，来不得半点的虚伪和骄傲。"要求她们对待知识要精益求精，不能一知半解，不懂装懂。王素琴至今还记得，就在张璐上小学一年级时，绝大多数考试都是"双百分"，而有一次她意外地考差了。放学回来，她大大方方地告诉妈妈："妈妈，出事了，我这次语文只考了96分。"王素琴不但没有责备她，反而满意地表扬了她，并及时地加以指点。

张振宇夫妇一向要求女儿自立自强，不断进取，不让她们有丝毫的优越感，不要依靠父母，路要靠自己走。1986年高考时，张琳名落孙山，上级为了照顾张振宇，给他一个女兵指标。那时张琳也想当兵后再考军校。可是张振宇却断然将指标让给了别人，并语重心长地对女儿说："别靠父母，要靠自己。"张琳愉快地接受了爸爸的意见，又在高中复读了一年，第二年以优异的成绩跨进了河南医科大学。这一年，张璐也以优异的成绩被广州第一军医大学录取。

在大学读书期间，姐妹俩十分勤奋，大学毕业后，又相继考上了硕士、博士，姐妹俩最后在第一军医大学"会师"。二人在学习上你追我赶，互不相让，共同进步，又相继考上了博士后。回顾自己走过的历程，姐妹俩为自己的幸运而自豪，更为有这样的父母而骄傲。

（常艳春）

远离恭维

从某刊物上读到一则仿古寓言：

凡人量小困顿，做事经不起过多的消耗。所以他最是讲究不费无用的功夫。出门办事，在身上装包烟，是想寻得求人初始的踏实。但烟只能敬给吸烟的人。他想有没有一种什么人都喜欢的礼物呢？不论男女老少，地位尊卑，东西南北，春夏秋冬，拿出来谁都爱用的东西在哪呢？凡人想到了银子。但银子在许多场合和气候之下是登不得大雅之堂的。且即使是能，他囊中羞涩，自知此念头不是上策。一日，凡人想得脑袋生疼，便倒床睡觉。不想刚刚躺下，就有仙人托梦指点，凡人从此得道，知道了恭维。照那仙人的说法，时时处处把恭维带上，遇事就用此鸣锣开道，此法果真灵验。从此凡人左右逢源，一脱困顿晦气，家境殷实起来，后来竟一发不可收，做了一国宰相。鸡毛上天，自有其道。宰相过世时，冒大不韪背仙人之约将此道授予子孙。他将满堂子孙招至床前，做一次当年梦中的仙人：恭维是讨好行里的通用支票。汝等从今以后办事，切切记住要揣在身。一票在手，胜过万千实物……儿孙用心听的，后来都当了官发了财。恭维也就一代一代传下来了。

恭维的遗风在现实生活中，不仅没有灭绝，而且还被不少人所信奉和推崇。且不说有些演艺界的"明星"之所以为所欲为，与"追星族"及一些新闻媒体的盲目吹捧不无关系，看看一些阿谀奉承之人是如何开发恭维这一特殊"资源"的，便可以大开眼界。作为领导者，到下属单位或基层作个报告，开个座谈会，看望一下职工，做些类似调查研究等方面的工作，本属他分内之事，此类事不干，枉担领导虚名。但是，有些下级单位的接待者或会议主持人，都往往太"客气"、太"热情"了，"客气""热情"得让旁观者不自在，甚至感到肉麻、左一个"日理万机"，右一个"百忙之中"，横一个"亲自如何如何"，竖一个"备感怎样怎样"；张口"坚决贯彻重要指示"，闭口"永远不忘领导关怀"。一句连一句赞美，一声接一声感谢，一阵又一阵掌声，加之毕恭毕敬，前呼后拥，置身于这般云里雾里的领导，能不昏昏然而能自知、自重者也真是不容易了。类似这种现象，在其他场合也不乏其例。

作为同志间的一般交往，无原则的恭维虽然不能说是真诚的光彩的，但还无关大碍，也比较容易纠正。而对"上"的阿谀吹拍，问题就并非如此简单了。从作为"上"的被恭维者来说，由于阿谀者的目的是想通过吹拍谋求一己的私利，因而，如果你因此把他视为"知己"，奉送给他利益，你就会丧失原则，失去周围的群众；如果对方的私欲得不到满足，他就会一反往常的面孔，对你大加诋毁，甚至造谣中伤亦在所不惜。《庄子·盗跖》篇说："好面誉者，亦好背而毁之。"拜伦有言："趋炎附势的小人，不可共患难！"说的都是这个道理。作为一个担负领导职务的人来说，宽容恭维，对别人恭维自己的话不但不加制止，还乐意接受，听后喜滋滋、乐陶陶，是一种十分危险的苗头。轻者会被恭维这剂精神上的吗啡麻痹理智，模糊自己的是非界限，使之耳塞眼花，真假莫辨；重者会污染一个单位的风气，使那些善于曲意逢迎、溜须拍马之徒得势，而勇于说真话者受到压制和打击。这正如别林斯基所说的："如果天下平静无事，到处都是溢美和逢迎，那么，无耻、欺诈和愚昧更将有滋生的余地了，没有人再揭发一些人的丑行，没有人再说苛刻的真话！"如此严肃的正告，确实振聋发聩。

既然恭维之风不可长，那么如何才能防止它的滋生和蔓延呢？首先，是我们自己要带好头，做老实人，说老实话，讲原则，去私欲，对包括自己上级在内的任何人都不说无原则的恭维话，不搞庸俗的"关系学"。如果人人都做到这一点，恭维之风就没有滋生的环境。其次，要求领导者对那些善于说恭维话的人要敢于"正色"，告诫他们恪守做人的正直和清白，对其中的不肯改悔者，由敢于宣布"本官一律不用阿谀者"，让他们卷羞铺盖卷儿走人。如此这般，就能大兴讲真话的氛围，使恭维没有栖身之地。

行笔至此，我又想起了《俞楼杂纂》中的一则小品，说某人将要离京到外地做官，去向自己的老师辞行，老师告诉他说："外官不易为，宜慎之。"他却说："某备高帽一百，逢人辄送其一，当不致有所龃龉（闪失）也。"他的老师一听发了脾气："吾辈直道事人，何须如此？"他却说："天下不喜戴高帽如吾师者，能有几人？"老师终于点头道："汝言亦不为无见。"于是学生笑道："吾高帽一百，今止存九十九矣！"如此看来，拒绝恭维还真难。这里有个虚荣心的问题。俗话说"忠言逆耳利于行"，但对虚荣心理显然是不适应的；而恭维之言不利于行，却顺耳，对虚荣心无疑是一种满足。所以阿谀、恭维这种"伪币"，是通过一些人的虚荣心才得以流通的。因为有需要这种满足之人，自然会有提供这种满足的人在。因此，克服虚荣心，实在是防止为恭维所蚀所误的要诀。

远离恭维，就是远离私欲，远离虚荣，向高尚的靠近。无论是做人还是为官，只有深谙此道，才能保持人格的魅力。

（向贤彪）

莫使同情变伤害

　　"同情使人成为人"，这是国外的一句名言。同情是构成人性的一个重要因素。对生活中的弱者、对一时遭遇厄运的不幸者、对无辜的受害者给予同情，这是人类美好情感的表现。当亲戚朋友、左邻右舍、同事熟人乃至素昧平生的路人遭遇不幸时，要及时给予同情和帮助，这既能给人一定的安慰和鼓励，也能促进人际交流，增强彼此的感情。但是，同情也不易，它并不是简单的感情流露，还要看清对象，把握对方的心理特征，讲求方式方法，否则，会弄巧成拙，将同情变成伤害。在表示同情时，我们要禁忌这样几种情形。

一是施舍式

　　在别人生活窘迫、身处逆境、遭遇厄难时，应该给予一定的同情，如果自己经济上实力较强，还可以适当地资助。但要注意态度，不能用施舍式的行为，不能把自己当作大发慈悲的救世主，把对方看作是正在等待恩赐的难民。人都是有自尊心的，同情者和被同情者在人格尊严上是平等的，有些弱者或不幸者，反而更为强烈地要求维护自己的人格尊严。你居高临下的资助，或多或少会使他们的自尊心受到伤害，甚至认为你是在侮辱他。程相所在的齿轮厂效益颇为不佳，早已下岗在家的妻子最近又得了重病，正住院治疗，需要一大笔医药费，家中还有年迈的父母和两个正在读初中的孩子。程相虽是一米八几的大个子，但被拮据的经济压得喘不过气来。他的表弟路某是乡镇工业局副局长，兼任一家公司的总经理，早已成了大款。一次，路某陪着几个客人去宾馆，正好在门口遇见了程相。几句寒暄后，路某见程相没精打采的样子，说："你家的事我已经知道了，没钱的话，我这里拿点去。唉，不知怎么搞的，你们会弄成这副样子。喏，先拿两百去。"程相不肯收，说生活还过得去。路某有点不耐烦了，把钱往程的身上一扔："你怎么这么不识抬举！叫你拿着就拿着，不用还了，就当我捐助希望工程了。"说着走进了宾馆。程相看看落在地上的钱，心里很不是滋味，一种受辱感油然而生。想想别人如此气派，自己却连老婆孩子都养不好，做人真是没意思。回家后，他一个大男人竟流下了辛酸的泪水。

二是夸张式

当事者本人并不觉得有什么大的不幸，或者虽然觉得有点不幸，但并不以为意，而你却以非常诚恳的态度，一味地渲染事情的严重性，用可怜兮兮的话语表示极大的同情，这也是不可取的。同情也要实事求是，不要故意夸张，不要以为你把问题说得越严重就越表示你的真诚。你把事情看得过重，给予过多的同情，无疑会给对方一种压力，以为自己真的到了非常地步，以致对生活失去信心。正在读中专的小崔姑娘去年骑车回家时，被一辆汽车撞倒了，那司机肇事后逃了。小崔的腿部、腰部和头部都受了伤，到医院治疗一段时间后，病情有点好转。在家疗养期间，一些亲戚朋友纷纷来看望小崔，对她的不幸遭遇表示同情和抚慰。本来，小崔姑娘对自己的伤情也没过多地放在心里，她的三姨来后，使她陡添惧色。她一见小崔就说："啊呀呀，这怎么做人呀？这么好端端的一个姑娘，被撞成这个样子，你看脸上……作孽啊作孽，那个短命的司机！"小崔说："脸上的伤，会好的。"三姨连忙说："啊呀呀，要带疤的，要是带了疤，这比歪嘴还难看。"她动了真情，边说边流泪："可怜啊，我们小崔这么漂亮的脸，现在被弄成这副样子。"接着她又讲了自己单位里一个叫芳芳的姑娘，脸上有块烫伤的疤而至今未嫁的事。三姨走后，小崔感到很沮丧，她为自己以后的生活而深深地担忧起来，越想越觉得可怕。三姨的同情也许是真诚的，但效果却是雪上加霜。

三是挑唆式

造成不幸、成为弱者的原因是多种多样的。有些人的不幸或厄运，是与他人产生矛盾或冲突而造成的，有些实际上是尖锐的冲突和争斗中的失败者。对这些不幸者的同情，就更要注意说话的分寸和策略，要尽量采取怨仇宜解不宜结的方法，不要一边同情叹惜，一边挑唆鼓动，激化不幸者与对方的矛盾，更不能伙同不幸者一道去参与某种报复性活动。郭某在最近一次人事变动中，被免去了人事科长的职务，降为副科长。郭某人在中年，能力也不错，他的降职自然在局内引起不小的震动，人们议论纷纷。郭某表面上是一副无所谓的样子，但内心却很痛苦，一些与他关系密切的人就悄悄地去郭家看望。其中一些人在表示同情后，还带挑唆性地说："肯定是老牛（指该局局长）搞的鬼，他见你年富力强，水平高、交际广，生怕抢了他的权，所以先把你压下去。既然他这样排挤你，你也用不着给他好看，索性同他对着干，大不了走人。"郭某为什么会降职，他自己心中有数。他本想忍着点算了，可给人家这么一挑，渐渐觉得这口气咽不下去了，应该有所反应。于是他马上在自己的工作中表现出来，不但不配合新来的科长，有时还公开与局长顶撞。这样半年后，他被彻底免了职。真是帮倒忙，同情实际上演化成了伤害。任何感情都应该受理智的制约，同情别人也不例外，不能冲动，不能逞一时之气，不能以为坚决地站在不幸者一边一道义愤填膺就是最大的同情。同情别人，要多为别人的前途考虑考虑。

四是抱怨式

从一定意义上说，任何不幸或成为弱者，都与自身的缺陷有关。有些人的不幸和厄运，主要是由于自身的失误或独特的个性特点或独特的生活习惯所造成的，与社会、与他人没有直接的因果关系。

对这些人的不幸，不要以为他们是咎由自取而采取冷漠的态度，也不要一方面表示同情，一方面又喋喋不休地抱怨、责怪。你的抱怨和责怪也许是有理由的，出发点也可能不错，但最要紧的还是要看效果。人家遭受了不幸，心里已经很难受，说不定还在自责。你一抱怨，弄得不好，反而会使对方走向极端。因此，同情就是同情，安慰就是安慰，要多关心体贴，即使胸中确实有话要说，也要忍着，待对方心情好转后，再巧妙地说出来。哀其不幸，怒其不"听"，对相当一部分人来说，只会起反作用。姚某得了重病——肝硬化，住在医院治疗。导致这病的最主要的原因就是他长期酗酒。他外甥得知后，对舅舅的病深表同情，可到医院看望时，拎去的营养品之类还没放好，就当着面开始数落，说舅舅不该这么喝，为什么不听劝阻，说年纪这么轻，身体就糟蹋得这样。照理说别人劝做外甥的就不要再说了，可他却偏要说，说舅舅这么这么地嗜酒，这么一次一次地喝醉。姚某越听越生气，心想，别人讲几句倒也算了，你外甥也来说三道四。他挣扎着爬起来，一手推开外甥送来的礼品，说："去去，你给我出去！我不要你可怜！我死了算了。"一时弄得大家很尴尬。这里，外甥的话不能说有什么不对，出发点也是好的，但效果却很不理想。究其原因，就是不分场合，不看对象，同情因过多的抱怨而变成了伤害。

由此看来，同情别人，除了真诚外，还要注意方法。

（朱华贤）

我在人生的转弯处

大学同窗刘君，幽默风趣。有一次，他散步归来，我问他干什么去了？他笑道："在地球上画了一段弧。"乍听，不知所云，细品，令人忍俊不禁。地球不是平面的，是个球体，走了一段路自然是画了一段弧。也许北京人所说的遛弯儿，就是从这个意义上说的吧。

生活中，转弯的现象比比皆是。诸如汽车转弯，轮船转弯，飞机转弯等等。一位司机朋友对我说，开车转弯处最危险，尤其是急弯儿、陡弯儿，要胆大心细，不急不躁，才能化险为夷，平安无事。由此我想到了人生，每个人的人生道路往往不都是平坦的，不是一帆风顺的，会遇到许多转弯处。

笔者在人生路上的一个转弯处，重重地摔了一跤，跌得鼻青脸肿，至今想起来还后怕。

事情发生于 1987 年 4 月 29 日晚。我正在某军事学院教务处当参谋，教务处长紧急召集所有的参谋在小会议室开会。当时，我并不觉得会有什么大事发生，因为当参谋一年来，开会加班突击任务，已成了家常便饭。但一看处长的脸色有点不对，平时他对部属态度很温和，今晚的脸色冷峻得像寒风里的一块铁板。教务处长的身后还跟着同样严峻的训练部长和保卫处长。和我名字一字之差的保卫处长，在我身旁落座。他扫视一周，目光如剑，从皮包里取出一张面值为50元的人民币，铁着脸说："在我们学院，发现了伪钞，这就是！"接着保卫处长讲了发现伪钞的经过：

今天上午9时，战士李×用这张伪钞买了一本稿纸。收款的是一位参加工作不久的女青年，女青年收款后，老觉得不对劲，就对一位老营业员说："这钱又薄又没颜色，是不是假的呀？"老营业员二话没说，领女青年来到旁边的储蓄所辨认。储蓄所的同志拿出一张50元面值的人民币一对照，假"李逵"就原形毕露，成了"李鬼"了。这张人民币只有黑白两色，是用普通复印机复印的，明眼人一眼就能辨认出是假的。

讲到这里，保卫处长提高了声音："咱们学院目前只有两个单位有复印机，图书馆我已查过了，没问题，下面请大家把自己的50元面值的人民币取出来，核对一下钱号。"

每个人都亮出了一张崭新的50元人民币（这是前两天刚发的）。伪钞在每人手上传递着，传到了我的手上，钱号是：GHl2483721，和我的50元人民币的钱号一字不差。我一下子傻了，张口结舌——嘴和舌头组成了英文大写字母"Q"。眼前一黑，险些昏过去，等清醒过来，才意识到闯了大祸！

事情的经过简单得令人难以置信。两天前发工资时，每个人的工资袋里多了一张面值50元的人民币（当时发行）。我突发奇想，何不复印一张做书签呢？操作员小王听了喜出望外，一下子印了好几张。另两位年轻的参谋也印了几张。我们幼稚得像幼儿园的孩子，不经意中已触犯了庄严的《中华人民共和国刑法》。

接着小王又开了一个更大的玩笑。他借了战友李×10元钱，李×来要，小王随手递给他一张复印的钱……

会议只开了半个多小时，保卫处长脸上露出了微笑。这也许是他当保卫处长以来，破案最为迅速的一次。

以后的一个多月漫长而难熬。军区派来了专案组，市公安局也三天两头光顾，交代、取证、调查、学习，脑子里的每根弦都绷得紧紧的。后来，我才知道，此事非同小可。发现伪钞一事，24小时内报到了中国人民银行总行，当年只发现3例。

事情的经过很快就调查清楚了，焦点问题是复印人民币的动机。最后定格为：好奇、无知、不懂法，一群有文化的人干了一件没文化的事。

处理的结果很快就出来了，三个干部行政记过处分，两个战士严重警告处分，并通报全军。

我的命运更不佳，福无双至，祸不单行，厄运纷至沓来。先是党员转正推迟半年，不久晋职又缓调半年，又不久女朋友离我而去。

孤独惆怅悔恨颓唐的我，开始吸烟、喝酒，破罐子破摔。心想这辈子算完了，什么将军的梦想，幸福的憧憬，爱情的浪漫，都像肥皂泡一样破灭了。"伪造人民币"的恶名像山一样压得我透不过气来。这时传来不少风言风语，有人咬牙切齿地说；"处理得太轻，该枪毙！"但更多的人是批评教育、安慰、鞭策。

一天黄昏，教务处长来到我的宿舍，以老大哥的身份和我促膝谈到子夜，感人肺腑的话语像春风渐渐消融我心头上的冰雪。临别，拍着我的肩膀说："'年轻人犯错误，上帝都会原谅的！'这是列宁说的。"处长忽然一脸严峻："我可以原谅你的过错，但瞧不起你现在的样子，受一点挫折就像霜打的茄子，没出息，在哪儿跌倒在哪儿爬起来！"

处长的关怀和激励，对我触动很大。是的，不能这样颓废下去了，走出阴霾，投入到工作、学习、生活中去。这段日子，我常常吟诵普希金的一首诗：

假如生活欺骗了你，

不要忧郁，也不要愤慨！

不顺心时暂且克制自己，

相信吧，快乐之日就会到来。

我们的心儿憧憬着未来，

现今总是令人悲哀。

一切都是暂时的，转瞬即逝，

而那逝去的将变为可爱。

其实，不是生活欺骗了我，是我游戏生活，而得到惩罚。有道是：雄关漫道真如铁，而今迈步从头越。刻苦的学习丰富了简单的头脑，拼搏的汗水洗刷了往日的耻辱，热爱生命得到了生活的丰厚回报。通过同志们的帮助和自己的奋斗，几年来取得了长足的进步，提前两年晋职，又走上了教研室领导岗位。

著名作家柳青说得好："人生的路是漫长的，但紧要处只有几步，尤其是年轻的时候……"

亲爱的朋友，记住柳青的话，记取我的教训，走好人生的转弯处。

（郑鸿魁）

宽听老人言

　　父亲从乡下初来城里的那段日子，我对他很是厌烦，不为别的，就为凡事不尽的啰唆与唠叨。假如我买件名牌服装下顿馆子，他总说我拿血汗钱打漂漂，道是"成家子，粪为宝；败家子，钱如草"。便摆布他在乡下的境况是如何的"新三年旧三年，缝缝补补又三年"，再三告诫"丰年要当歉年过，有粮常想无粮时"。你打麻将说你玩物丧志，你上舞厅说你不干正经活，送礼走门子不地道，办事端架子太可恶等等，话茬一个接一个，道理一套又一套，直把你嘀咕得脸烧耳麻，心烦透了。

　　对于父亲的"老皇历"，我实在心有抵触，常常只能以"都什么时代了"相抵挡，不欢而逃，久而久之与父亲有了一条难以融通的"代沟"。"我行我素"与"苦口婆心"尖锐对立的结果，便使得我和父亲的关系一度紧张。

　　然而生活中的一件事，使我终于对父亲开始信服甚至崇拜起来。单位评职称分下有限的指标，圈中人便立时拉开架式"杀机四伏"。我自然也打算"当仁不让"，决心据理力争。不料父亲早知此事，好歹要我让让，说钩心斗角万万使不得。父亲说："敬人如敬自，落人如落己。争啥呢？"我大不以为然。这年头，人善被人欺，马善被人骑，不争是傻瓜。可是父亲死活扯着劝着，什么"让人一寸，得利一尺"，什么"一争两丑，一让两有"，这般硬磨软泡，我也就锐气全无，只能顺其自然了。却不料到头来争得硝烟弥漫的人却两败俱伤，指标最终落在了我的头上。

这的确是一次不小的震动，使得我重新看待和审视父亲平日的诸多责备。想一想，哪一句不是真话不是善言呢？做儿女的，我们往往操持着时代的骄矜，拒绝接受父母前辈施以的传统文化，以为一句"时代不同了"，便可有足够的理由去信马由缰地折腾，实在是青年一代的意识误区，也是划开两代人之间鸿沟的主要因素。这一次猛然醒悟之后，我不仅不再厌烦父亲的"啰唆和唠叨"，甚至有时主动讨求某些策略，我和父亲的关系竟也意外地融洽起来。

理智地想一想，父亲前辈对事物的认识，何尝不是他们数十年生活经验的总结，他们的处世哲学又何尝不是风雨生活的直接结晶呢？所以他们的话，不管你爱听不爱听，大都堪称金玉良言，甚至是真理。纵然时代变了，但生活的本质不会变，比如人类对真善美的追求、对勤俭的褒扬、对正义的向往、对忠实的崇尚等等，这些，永远是人类生活的主旋律；变来变去的，只不过是生活的形式，而恰恰是在这形式的变更中，我们沾染了如许的浮躁与骄奢、玩世不恭与得过且过。而这一点，前辈的观察或许更为真实更接近本质，能对我们给予及时提醒与修斫，实在是益莫大焉。

俗言道："不听老人言，吃亏在眼前。"这话不妄。生活中有多少"吃不穷，喝不穷，算计不到一世穷"的年轻人常常不是"上半月吃肉下半月喝粥"吗？诸如"害人如害己""贪心可坠命"之类的事例更是不胜枚举。于此，宽听老人言，或许算得上人生一大益事——凡事直接从智慧与经验的高度出发，也就能剔除不必要的弯路与歧途，何乐而不为呢？而且，宽听老人言，应当成为青年一代所推崇的德行，因为这不仅是我们修正自身的良好参照与契机（尽管有些话还需我们辩证地检测和取舍），更是我们理解前辈的孜孜苦心——在"代沟"之上架起一座心桥的可靠基础。

（李楠）

做错之后

一个人一生中总免不了要犯许多的错误，每一个成功者都是从过错的废墟上爬起来的。做错事情其实并不可怕，关键是我们应做一个有心人，学会用最体面的方式去弥补过错，并把错误的碎片熔化后浇铸成自己日后成功的基石。你现在正在为一件做错的小事而忐忑不安或烦恼吗？不妨按下面说的去试一试。

真诚地向对方表白自己的歉意

碍于面子和自尊，许多人明明意识到自己有了过错，却不肯向对方表达丝毫的歉意。"对方只有看到你确实为自己的过错而忏悔时，才更容易显出一副豁达的派头。"西方著名心理学家迈克尔·默斯说。而我们许多人却恰恰相反，只知道在内心里一遍又一遍地谴责自己，却从不肯敞开心扉向对方公开认错。

尽最大的努力去弥补

中国有个典故叫"亡羊补牢"，它形象地告诉我们，认识到错误后应尽自己最大的努力迅速加以补救。完美无憾地挽回损失是一件非常困难的事，正因为这样，参加工作之初你就应向你的上司暗示：你不会重复同一模式的错误。"事实上，每个人都应培养这方面的能力，既能弥补过失又能在同类问题上起借鉴作用。"美国心理学家弗兰格林·罗达说，"使对方恢复对自己的信任和肯定，这便达到了最终的目的。"

善于为自己开脱

有些人往往不肯原谅自己的过失，沉湎于负罪感的悔恨中度日，吃饭饭不香，睡觉觉不甜，严重影响了工作和日常生活。美国著名的心理学教授弗兰克·法利曾经到夏威夷群岛度假，在一个供游人休息的小木屋里，因他的疏忽——忘了关上水龙头，差点酿成大祸。"通过广播我向每一个在夏威夷群岛上度假的人道歉，"弗兰克·法利说，"且同时我又在心里为自己开脱，人有时对某些事情确实无能为力，我们无法阻止某些事情的发生。"

吸取教训

"之所以能成为一个礼仪专家，是因为我曾犯过一个永远不能饶恕的错误。"利蒂希娅·鲍德沉痛地说。"12年前，当我接到老家拍来的告之母亲病重，要我速归的电报时，因正忙得焦头烂额而把它忘在脑后。当我想起电报赶回家时，母亲已……从那以后，每每接到别人的邀请，我总把时间写在一个专门的记录本上，假如自己确实忙，也总是提前做好安排。"现在，利蒂希娅·鲍德是美国礼仪方面的权威人士。

真正优秀的人是由错误的碾子打磨出来的。我们每一个人都应该相信，犯错误越多，我们往往越有机会成为最优秀的人。如果你能正确地对待错误，又能采用科学的方法，积极地消除错误带来的影响，化不利为有利，那么做错之后就不要感到可怕。

（夏修兵　编译）

如何对待他人的批评?

对待他人的批评需要有一种正确的态度。如果你能按照下面的方法对待他人的批评，那么，久而久之，你就能从批评中获得教益，使自己日趋完美。

1. 要虚心而细心地倾听他人的批评，不要打断对方的话，也不要用脸部表情或身体动作表现出你不愿对方继续说下去；而应该直视对方的双眼，表示你很愿意接受他的意见。

2. 在自己的心中认真想想他人对你的指责，以便改变自己的行为。

3. 运用你的智力帮助对方说出对你的不满，而不要让他将这种不满隐瞒在心里；这样你才能知道自己有哪些缺点。

4. 有礼貌地询问批评你的人应当如何改善你的行为；这不但可以使你了解对方，还可以学习不同的行为方式。

5. 即使批评你的人没有指出你的行为对你自己、对他人或对工作有何害处，你也应该为自己找出答案。

6. 不管你同意不同意他人对你的批评，都要让对方明白你已听到并了解自己错在哪里；你可以用自己的话将对方先提出的意见重复一遍，而不要用他的话来复述——这只能表示你虽然在听，但其实却没将此当作一回事。

7. 如果你觉得自己不该受到批评，也应当让对方把话讲完再作解释。

8. 如果你同意对方的批评，认为自己的确有错，而且愿意改过，那么就应当真诚地向对方表示感谢。

9. 如果你的周围只有几个人敢于批评你，那你就应当尽量去鼓励这些人对你提出意见，并对任何向你提出意见的人表示感谢。

（徐培俊）

做人不能"死要面子"

　　面子，总是与一个人的人格、自尊、荣誉、威信、影响等联系在一起。因此，鲁迅先生说："面子这两个字，很不容易懂，然而是中国精神的纲领。"林语堂也说过："中国民族的特征之一，就是重人情，爱面子。"时间跨越到今天，市场经济的浪潮冲击着每一个人的心灵，通过对面子这一"中国精神的纲领"的考察，可以窥见目前世风人情之一斑。

　　俗语说："人活一张脸，树活一张皮。"健康的、完整的人都会有面子的概念，都会自觉不自觉地去满足、维护面子的需求。因为"有面子的人"可以获得他人的喜欢、尊敬、信任、友谊，成为结交朋友、吸引他人的一种条件，成为满足自尊需要、交际需要的重要手段；因为"有面子的人"可以获得他人的赞扬、羡慕、敬重等，满足自己的荣誉感；因为"有面子的人"说话有人听，行为有人仿，他们拥有更大的影响和感染力；因为"有面子的人"可以给自己更大的信心、尊严，成为自己进步的重要驱动力。所以说，面子，看不见，摸不着，虚无缥缈却又实实在在，没有价码却又价值无量，似乎很轻，其实很重。

讲面子、爱面子也可以说是人的一种"本能"，属于正常的心理需求，是合情合理、天经地义的事情。然而事物发展都有一定的度。有的人却过分地"爱面子"，甚至达到"死要面子活受罪"的程度，比如说，那些虚荣心特别强烈的人，那些成就欲特别强烈的人，那些自尊心过于强烈的人，那些权力欲过于强烈的人……于是，有的人本来没有实力与他人比阔，然而为了"死要面子"，节衣缩食，"勒紧了裤腰带"，把自己比得昏头昏脑；有的人本无多大的能力和"后台"，因为"死要面子"，制造假象，蒙骗他人，四处吹嘘自己如何如何"有能耐"，无限夸大自己的"后台"如何如何的"硬"；有的人分明就只有那么点儿文化，因为"死要面子"，却好为人师，做一副学富五车、满腹经纶的模样，装得异常的"深沉"，不懂装懂；有的人因为"死要面子"，见荣誉就争，见利益就抢，甚或不惜采取卑劣的手段诬陷他人，通过打击他人的方式来抬高自己；有的人因为"死要面子"，自己犯了错误还"死不认账"，即使当面被人揭穿也要死撑到底，甚至对不给自己面子或是威胁到自己面子的人采取"一报还一报"的报复性态度，来维护自己的面子。

与死要面子相对应的另一个极端是不要面子，这两种极端的现象是对立的统一，使面子呈现一种尴尬的状态。生活中曾发生过这样一则笑话：一款姐去修皮鞋，鞋匠特热情，展一洁净毛巾垫脚，并亲自为其将鞋脱下，鞋修好了，开价200元。款姐感到不对头，问其原因，鞋匠说，修鞋费10元，我为你脱鞋等服务费190元。款姐为难了，如和这"臭鞋匠"吵起架来，围观者众，又丢不起这个面子，结果只好挨宰。为了捞钱，"不要面子"的鞋匠碰上了"死要面子"的款姐，演了一个面子的活剧。"死要面子"者往往自认为自己有多么尊贵，不以一颗平常心来对待生活。他们与"平民"接触多了或者做"平民"所做的事就认为有损"面子""丢人现眼"，这样的人把自己摆放得多么倾斜。"不要面子"者往往本着"破罐子破摔"的原则，不顾一切地为自己谋取利益。对待"死要面子"的人他们定会这样想：反正你瞧不起我，我就这样了，看你能把我怎样，说句心里话，我还瞧不起你呢！

人有羞耻德性在，世有荣辱正气多。在市场经济的大潮面前，我们应该大力提倡"自尊、自信、自立、自强"，确立健康成熟的人格，既不能不顾廉耻，不要面子，也不要爱慕虚荣，死要面子。一个国家的现代化不仅仅是物质的现代化，还包括人的素质的现代化，而人的素质的现代化离不开科学文化素质的提高和健康成熟人格的建立。重塑正确的面子观，这是现代化过程中中国人无法回避的自我完善、自我更新的任务。

（牟瑞彬）

觉悟就是见我心

大家好：

　　今天这个时代，相对我们过去的任何一个时候，都显得更丰富。在这样一个时代里，科技无限发达、物质极大繁盛，但是我们的心一定比过去更幸福吗？更安宁吗？我们拥有的一定比过去更多吗？世界繁荣了，不意味着人心的灿烂；世界的选择多元了，不意味着人心的稳定。我们可以想一想，就在几十年前，我们的物质条件相对贫瘠，但是，大家彼此没有多少可以攀比的，生活没有多大的差别，因此彼此平静、彼此和谐。而今天，我们的选择多了，却不意味着我们的心灵更快乐，反而充满了浮躁与不安，找不到当初那种平静的感觉了。

　　正是因为今天这个时代的巨大变化、心理的失衡，我们才如此需要对经典的阅读、对成长的感悟。今天我们每一个人所面临的是心灵的安顿。自己的心到底想要什么呢？

　　我们大概从小就听到一个词，说要做一个有觉悟的人。那什么是"觉悟"呢？"觉"字下面是一个"看见"的"见"，悟是"十"

旁边一个"吾"。"觉悟"两个字什么意思呢？最根本的含义就是"见我心"，也就是说真正的觉悟是你看见了自己内心真正的愿望。

我们今天的科技很发达，大家要是想查一个词，你去网上搜索，马上几十万条结果都在你的眼前。但是我们永远都没有一个心灵搜索引擎，能够轻易地查到自己心里现在是什么愿望。"见我心"这件事情，能够依靠别人、依靠科技去完成吗？不能。而我们的心到底有多大呢？我们自己不知道。人的心，有时游于万仞，独立于天地万物，无比辽阔；有时候又心思狭隘，钻到牛角尖里，觉得今天的日子都过不去了。然而，人心真的有这样的区别吗？

曾经有一个小沙弥在寺院里面修行，他问师父："师父，我们看起来身材都差不多，想法会有很大的区别吗？真的有的人心特别大，有的人心特别小吗？"师父就对他说："你现在闭上眼睛，在你心里边建一座城堡。"于是徒弟就闭上眼睛，在心里建城堡，里边有多少根柱子，有什么样的房间，他建哪建哪，建了一座很大的城堡，睁开眼睛对师父说："我建好了。"师父说："你再闭上眼睛，在心里造一根毫毛。"徒弟闭上眼睛想啊想啊，一根小毫毛，想好了，他睁开眼睛说："我造好了。"师父问他："你造那么大一座城堡，是用你的心造的吗？"他说："是啊，我自己想出来里面的格局。"师父又问他："那你造一根小毫毛，是不是也用的是整个心呢？"他说："对呀，我想小毫毛的时候，整颗心都在那根小毫毛上，也想不了其他东西。"师父说："对呀，人心可以造城堡，也可以造毫毛，这就是心力的大与小。"

其实，人这一生，有多大的眼界就有多大的世界。有些人抱负远大，就像故事里说的那样，在心里建造一座城堡，因此他学知识，他有梦想，他为社会担责任，他使命在肩、情怀在胸，把心里的城堡扩大到自己生活的世界，就能够安顿他人，安顿自己。我们每一个人如果想真正得到个人的幸福与安宁，需要有一个生命的起点，那就是"见我心"——真正看看我心何在，这是我们真正的觉悟。

谢谢！

（子丹）

你是第一名

大家好：

我在世界各地演讲时，经常有人问我：乔·吉拉德先生，如果要想成功，最重要的事情是什么？该怎样开始？我告诉你，没有任何一种开始，只有一种方法，只要你按照我所说的方法去做，你就一定能变得富有。开始就在这里：请不断地销售自己、促销自己，让人们知道你还活着，没有死去。

很多年前我就养成这样的习惯——如果我的一只手一碰到你，我的另一只手就会给你一张名片，上面介绍着我所有的一切。我所做的只是给他们提供一个选择，他们从名片上会知道我是做什么的，也许他会需要我的服务，也许他的伙伴会需要我的服务。但是，有那么多人，他们都很懒惰。要像农夫一样，不断地播种，要让土地知道，你在播种——我到处都在播种。

有一次，我碰到一个女孩，问她，你为什么不给我一张名片呢？她说，我不好意思，有点害羞。我告诉她，你一辈子都不要忘记这一点，给大家你的名片。我到处去撒名片，人们拿着我的名片，走进了我的办公室。在交换支票时，难道只有这一张支票吗？在你的支票本里，我至少会放两张名片，你会知道我做什么，你会留下我的名片，也许会交给别人。当我去餐厅吃饭的时候，我不是简单地去吃饭而已，当我吃完饭后，我会给他比较多的小费，附带两张名片。当人们看到小费的时候，会说，哇！那么多小费，这个人会是谁呢？一看，你是卖房子的，而我正准备买一幢房子，他就会来找你。我一直在不断销售乔·吉拉德。

我还特别感谢今天到会的每一位，这说明你们爱惜自己，尊重自己，你们希望成功。生命其实是一场游戏，在游戏中不断学习，不断成长。

有人问我，乔·吉拉德，你成功的秘诀是什么？真的有秘诀吗？如果有秘诀，我告诉你，以后你的内心会充满一团欠。有没有通向成功的直升电梯？我试过了，没有这样的直升电梯。在我的名片上有这样一句话，通往财富的直升电梯已经坏掉了，你必须使用楼梯，一步一步地往上走。如果你想飞跃，你到达不了那里。

我要告诉你们的是该怎么做。你做了一个行业，就要坚持这个行业，我在自己的行业做了几十年。我们种一棵树，然后不断地培育，它才开花结果。如果你把这棵树拔出来，移到另一个地方，你知道要多长时间它才能恢复成长吗？在赛马比赛的时候，人们会用两块布把马眼睛的两边遮住，为的是不让它看到两边的景物，只能往前看，直接奔向目标。

你一定要把所有的精力都集中在你的本行业上。如果你从事的是安利行业，却在私下里卖玫琳凯、卖保险，你就没有把注意力集中在你的本行业上。我曾经因为不专注，损失了300万。我从自己的问题中学会成长，从自己的失败中学习成长。

有人问乔·吉拉德你上过大学吗？我说没有，但上过一所专业的大学——马路大学。在马路上能够学到正规大学里学不到的东西。在大学里，你学不到如何观察别人。当你成交后，怀着真诚问你的客户：你为什么跟我买？你说过你曾去过三个不同的代理商。你了解了这些，就不会发生第二天退货的事情，有时候客户会反悔。他会告诉你很多事情，比如，他的衣服让我不舒服，或者他身上的味道我不喜欢，这样你就不会重复犯别人所犯的错误。

永远不要仓促行动，一定要做周密的计划，然后把计划落实。生命是一场游戏，一定要把游戏玩好，玩成功。每天晚上上床睡觉的时候，我不会去看那些电视、报纸等负面的东西，我永远不让那些负面的东西影响我。我会躺在床上思索，想着今天完成的所有交易，然后回顾哪些做得好，哪些需要改进，不断地总结提高。还要为明天做好计划，就像一个船长在启航之前一定会知道航线是什么，他才会起航。许多人不知道自己每天要干什么。你离开家的时候，等于在脸上写上了一个求字，否则只会原地打转。要给自己鼓劲，对自己说，你做得很好，继续努力。你不要等着别人拍你的肩膀，夸你做得好，这样，你永远等不到这句话——要自己鼓励自己。你在镜子前面写上一个字条：我喜欢你。甚至亲一下镜子里的自己。

你要相信你自己。如果你不相信自己的话，你的脸会告诉别人这个人不喜欢自己，你的脸就是别人的镜子，你的脸上写下的就是别人对你的表情。你要卖的是你自己，而不是任何产品。顾客买的是人，东西他从任何人那里都能买到。两个人的最高层次的成交，就是婚姻。要自我销售，要相信自己一定会赢。如果一个拳击手认定自己会输，那他一定不会赢。再比如有人打高尔夫球，他会说风向不好，草地不好，他在给自己找输的理由。我是怎么打高尔夫球的？我让所有人都别说话，然后我把世界关闭，眼睛里只有我、球和洞。我对球说，你一定要进入那个洞，然后我会感到那个洞越来越大。

如果你相信自己所做的，你一定会做到最棒。如果我一直打高尔夫球，我会比老虎伍兹打得更棒。但我不喜欢打高尔夫球。有人说，那个球真的能听懂你的讲话吗？谁知道呢，也许真的可以呀。世界上最可怕的就是事先判断，你认为你做不到的，你就一定做不到。如果你想请一位女士跳舞，对她说，你也许不会跟我跳舞吧？那个女士肯定说，不会。我是怎么做的，直接走过去拉起女士的手，让我们跳个舞吧。

有一个东西，世界上任何人都不会拿走，那就是时间。一定要珍惜时间。我很喜欢睡觉，如果没人叫醒我，我会一直睡在那里。但每当我要起床的时候，我会对自己说，今天一定有人会为此付出代价。

在别人取笑你时，你想证明你自己，在你的内心，你能否点燃这团火呢？有一个传教士告诉我，所有死亡的人都能从天上看到我们所有活着的人。我好像看到我的爸爸妈妈在天上，我的妈妈对我爸爸说，乔·吉拉德不是一个混混。但是，你知道吗？妈妈，爸爸是对的，乔·吉拉德是一个混混，但是我是有钱的混混。

有时，我到母亲曾经所在的地方，他们不认识我，问我，你是做哪一行的呢？我告诉他们，我销售世界上最优秀的产品，那就是乔·吉拉德。各位，你们也是一样，你们是世界上最优秀的产品——你就是最棒的。

每天早上离开家我所做的一件事，大门上面有一面镜子，镜子上面有一句话：请问，今天我会购买你吗？我会看看我的衣服，我的头发，我的指甲，这些眼我今天要做的事是否相符，今天你能否做得最好。人的身体有一个发动机，那就是我们的神经系统。我对自己说，我是第一名。

把我们身上的每一个发动机都启动起来：你是最好的，你是最棒的，你是第一名。

本文为乔·吉拉德访问北京时的演讲，本刊有删节，题目为编者加。

（王玉昆　编译）

鼓励万岁

大家好：

30年前的今天是农历正月初六，那是1981年，我在父母位于太原市的家中，第一次写皮皮鲁和鲁西西的故事。在写的时候我想了一下自己的经历，我是从1977年开始写作的，当时我在一家工厂当工人，工作是看管一台水泵，没有什么技术含量。我的最高学历是小学四年级，以这样的起点从1977年写到1981年时，我在圈内已经小有名气。这是为什么呢？这是被鼓励的结果。

我在小学二年级的时候写了人生的第一篇作文，这篇作文居然被班主任老师推荐到校刊上发表了。那是1963年的一天，在课堂上老师将我叫到讲台旁，她告诉我可以免费领取两本校刊，而其他同学需要花一毛八分钱买一本校刊。在那一刻，我产生了一个错觉：我郑渊洁在这个世界上写文章写得最好，谁也写不过我。这个错觉一直保持到今天，那次发表对我的鼓励作用非常大。

后来，我的写作不断受到鼓励。1978年河南《向阳花》杂志的实习编辑于友先在收到我的第一篇儿童文学作品童话诗《壁虎和蝙蝠》时，亲笔给我回信，通知我童话诗被采用，并鼓励我继续写下去。受到鼓励的我，写童话故事从未间断，一直坚持到现在。

读者也不断鼓励我，他们的鼓励方式就是买我的书。人性的本质是渴望欣赏，我最不喜欢的一句话就是"忠言逆耳利于行"。

30年前的今天，当我要写皮皮鲁和鲁西西的时候，我想通过这两个孩子鼓励所有孩子。皮皮鲁是考试成绩不好的孩子的代表，鲁西西是考试成绩好的孩子的代表。那个时候学校对孩子的评价体系有误差，以考试成败论英雄。读者不管是考试成绩好的还是不好的，看了皮皮鲁和鲁西西的故事都会受到鼓励，所以他们喜欢和皮皮鲁、鲁西西交朋友。

有一次我路过一个建筑工地，看到起重机在工作。我就想，起重机会随着它所建造的楼房身高的增加而增加自己的身高，那起重机是怎么长高的？我专门到工地附近租了房子，观察了两个月。我发现起重机是通过自己吊起身体的一部分加入整体，从而提升自己的。这给了我启发，世上有两种人：一种像起重机一样给大厦添砖加瓦，添砖加瓦就是鼓励别人、赞美别人，同时也提升自己，靠自己的努力实现自己的人生价值；还有一种人是二踢脚。皮皮鲁就是坐着二踢脚上天的。二踢脚打压空气，也就是打压别人，靠这个升到空中，发出巨响引人注目，然后粉身碎骨。生活当中有这样的人，他们喜欢给别人挑毛病、贬低别人。喜欢贬低别人的人在潜意识里是想抬高自己。做人要当起重机，不当二踢脚。

在生活中看走眼的事情非常多，尤其是爸爸妈妈有时看自己的孩子走眼，有时上司看下属也会走眼。有一件事对我很有启发。有一只小鸽子生下来就有残疾，腿是瘸的。当它飞行的时候，一条腿不能收到腹下，于是它无法飞直线。我和弟弟决定用送它参加千里竞翔的方式仁义地放弃它。上千公里的信鸽大赛属于超长距离竞翔，能归巢的信鸽很少，结果这只瘸鸽竟获得了冠军。通过这件事我感悟到，要想避免看走眼有一个窍门，就是多鼓励别人，多夸奖别人。

比尔·盖茨的爸爸出了一本关于他如何教育儿子的书，这本书出中文版的时候由我作序。我把这本书通读了一遍，记住了一句话："作为父母，你什么都可以对孩子做，只有一件事不能对孩子做，就是贬低孩子。"希望爸爸妈妈多赞美孩子，领导多欣赏下属，朋友之间多鼓励。我们这个世界不需要贬低和打压，鼓励能让我们的世界更美好。做人出线有法律管束，法律不禁止的行为偏差靠鼓励纠正效果最佳。

在皮皮鲁和鲁西西30岁生日庆典上，作为他们的父亲，我最想说的一句话就是：鼓励万岁。

谢谢大家。

此文为2011年2月10日，"童话大王"郑渊洁在北京皮皮鲁和鲁西西30岁的生日庆典上的演讲。

（郑渊洁）

为你多活三五年

　　医生说他最多还能活一年。她听了，兀自发呆。她不知道自己怎样走出的医生办公室，回到病房里，强颜欢笑："大夫说，只要保持心情愉快，就有治愈的可能，世界上又不是没有先例。"他把她拉到身边坐下说："那咱回家养着吧！天天住在医院里，你天天两头跑，人都累瘦了，我有点儿心疼。"她点点头。

　　出院以后，她依旧上班下班，给他做饭跑偏方。她忙得像一只陀螺，而他却像个废人一样，插不上手，帮不上忙，还要等她照顾，等她赚钱，等她陪他一趟趟地跑医院。他心情抑郁寥落，情绪低到冰点，他只求速死，以免拖累她。

　　那段时间，他拒绝吃饭，拒绝交流，拒绝正常生活，和她说话也黑着脸，像是她欠了他的。她像什么都没看到一样，上班时想起什么会给他打电话："老公啊，咱家的水龙头坏了，我买了新的，放在厨房的餐桌上，你记得给换上，不然我可搞不定。老公啊，卫生间的下水道堵了，家里臭烘烘的，你给清理一下吧！老公啊，储物室里的灯泡坏了，换个新的吧！不然黑灯瞎火的，我有些害怕。"

她像一个带遥控的指挥者，随时随地想起什么就吩咐老公去做。有人在背后指指点点，说这个女人疯了，她的男人得了癌症，还不让男人得闲。

是的，他得了癌症，喜欢游泳的他觉得腹部疼痛难忍，去医院一检查，竟然是膀胱癌，大小手术已经做过三回，每一回都有从鬼门关上走了一遭的感觉，每一次都是她陪在他身边，宽解他，安慰他。但是他却对她发脾气，摔东西。

不是没有屈辱，但她无从分解，分解给谁听呢？只能找个没人的地方，对着一株花，对着一株草，对着一片风景，用眼泪把心中的委屈和疲累冲洗干净。

回到家里，她会笑靥如花地夸他："老公，你就是比我强，干什么都像模像样，婉青表妹羡慕我嫁了个好老公，心灵手巧，不像她嫁的男人，只会打麻将和玩游戏。"

他冷着脸对她："别瞎说，安慰我？我只是个半条命的人，会比谁强？"她从后面抱住正在洗碗的男人说："不，不许你胡说，你是我的大树，没有你撑着这个家，我所有的幸福都是空谈．我要你好好地活着，和我一辈子白头到老。"

他知道这是自欺欺人的话，可是心中还是被一种久违的感动冲击得无以复加。大学毕业，她跟着他从北到南，像一粒种子一样生根于这座南方城市，当初穷得连房租都交不起，好不容易生活有了起色，刚刚又升职，谁知道命运却跟他开这样黑色的玩笑。

她的指令温软缠绵，却容不得他不做。他想笑她的孩子气，可是笑不出。被人需要总是一种幸福吧。所以他做这些事情的时候，总是快乐的，无怨无悔的。

这样的日子整整过了1800天，比医生预言的生命极限300天，整整多了1500个日日夜夜，大家都说这是一个奇迹。

临终的时候，他拉着她的手说："娶了你，是我一生作出的最正确的决定，原谅我一直对你黑着脸，那是因为我想我走后，你会少记我一些好。"

她泪流满面："大家都说我不近人情，老支使一个病人干这干那，其实我只是想让你觉得还有一个人需要你，需要你的关怀和温暖，使你不至于在绝望中委顿。"

两双手紧紧地握在一起，他说："因为你，我多活了好几年，我赚大了。来生我们还做夫妻吧？"

她点头。还有什么比这样的爱更让人觉得弥足珍贵呢？

（积雪草）

送你离开，千里之外

同学们：

刚才，播放视频短片的时候，我注意到，很多同学眼里噙满了泪水，有的同学和我一样，为了一份矜持，努力让眼泪留在眼眶里不流出来。真的有点儿难！

其实，我想今天在座每一位。都能理解，今天的泪水蕴涵了太多太多。四年的燕园感怀，4 年的执着求索，29 楼的银杏树黄了又绿，图书馆后的小径身影依稀。36、37 楼总书记含笑挥手深情问候，学一食堂门前总理大步走来，我们人潮如海。蓦然回首，未名湖畔再一次垂柳如烟。4 年的青春岁月，已经永远铭刻在记忆深处，而你们每个人都已经化羽成蝶，即将展翅高飞。此时此刻，这一滴泪水中有伤感、有眷恋、有欢乐、有遗憾，是感恩的心在颤动，是希望的火在升腾！

而我此时的心情，或许你们经常传唱的一句歌词更能够表达：送你离开，千里之外，你无声黑白……

抛开离愁别绪，和所有的典礼一样，或许我应该接着说几句祝愿的话，但我更愿意在这告别的仪式上首先向你和你们的家长描绘你们在我心中留下的深刻印迹。

你们是被称为"80后"的一代，因为你们大多数人生自1988、1989年，所以甚至可以称得上是"80后"中的末代。关于"80后"，你们刚被社会关注的时候口碑似乎不太好。在我的观察中，你们的确有不同于"60后""70后"的特点，你们经常在校长信箱给我留言，宿舍里怎么没有空调，甚至没有电风扇；为什么洗澡要好多人共用一个大浴池，没有自己私人的空间；为什么食堂总是人满为患，经常要站着吃饭。这些是我们当年上大学的时候想都没想过的事，即便当时我们六个人、八个人一个宿舍，而我们对食堂的想象力还停留在吃饱就好的水平。我就觉得你们这一代的确有些娇气、有些浮躁。但在你们的抱怨中，学校同时也在加大改造的力度，至少你们中很多同学已经不用再穿着拖鞋拿着脸盆到公共大浴池洗澡，在盛夏的时候，床头已经可以吊一个简单的风扇。虽然学校条件依然有限，但我看到抱怨归抱怨，你们能快乐地融入集体氛围中，在不够完美的环境中汲取着知识的养分、体验着创新的愉悦、陶冶着情操，磨炼着意志品质；你们以开放的心态，在与国外政要、学术巨擘的交流中，在模拟联合国的讲坛上，随时迸发着智慧和自信。我发现，"80后"其实很率真、很可爱。

2008年的奥运会，让我更进一步认识了你们。你们在长达数月的时间里，披星戴月，挥汗如雨，担负起鸟巢国家场馆志愿服务任务，用自己青春的热情、周到的服务，为国家赢得了尊严、为人民赢得了友谊、为北大赢得了声誉、为自己赢得了全社会的信赖。你们有了新的名字——"鸟巢一代"。而在汶川、玉树两次大地震中，你们在三角地真诚祝福祈祷，把自己买书的钱捐献给灾区，在志愿献血车前默默排起长长的队伍。这一幕幕场景的照片，我希望我们的校史馆能够永远珍藏！我相信，人的一生，每一段都有每一段的巅峰。我不知道你们在4年大学时光里具体学到了哪些专业知识，但你们在国家危难时虔诚而坚定的表现，让我坚信你们已经做到了青春无悔，你们已经让自己站到了这一段人生的巅峰。我对你们充满敬意，！我甚至骄傲地对别人说，我是80年代从国外回祖国效力的，因此，我也是"80后"！

作为"80后"，就让我们谈一谈"80后"的话题。

相信你们大多数人都在关注着即将巅峰对决的世界杯。你们真的与世界杯很有缘。4年前，你们在世界杯的战鼓声中迎来北大的捷报，而今天，伴随着"呜呜祖啦"的热闹与喧嚣，你们即将为人生的又一个巅峰画上句号。告别4年的大学生活，未来的人生在哪里？未来的人生巅峰又将在何处？有的同学可能会笑着告诉我，也许是在"杜拉拉"的升职履历中。

我的理解是，我们依然可以从带给我们视觉盛宴的世界杯中找到启示。人生中有巅峰时刻，即意味着有平原低谷。足球也是这样。32支球队，有的籍籍无名，却奋勇拼杀，改写刷新着自己的历史；

有的豪门劲旅，一路凯歌，续写了昔日的辉煌；也有的是卫冕冠军，却一朝折戟沉沙，令人扼腕叹息。哪一支能战胜自己，超越自我，在遇到低谷的时候不气馁，在漫长的平淡中不焦躁、相互扶持、彼此激励，哪一支才能走得更远，达到自己漫漫征途的巅峰。

北大人历来有着挑战巅峰的魄力和勇气。山鹰社的同学们，存鹰之心在高远，融鹰之神在山巅。他们虽然经历过2002年希夏邦马峰的考验、磨难和永远的伤痛，但他们从未失去攀登的理想和信念！酷爱登山的黄怒波校友，不仅在商界纵横捭阖，不久前还以知天命的年纪，登上了珠峰峰顶。在人比山高的那一刻，我相信，大家从中领略到的不仅是北大人"一览众山小"的壮志豪情，更是攀登过程中每一步、每一个脚印的磨砺与艰辛。

有攀登的志向和渴望，终究要一步一个脚印去实现。"脚踏实地"！或许意气风发的你们从没有认真思考这4个字的深刻人生内涵。但这恰恰是温家宝总理在今年五四青年节送给北大学子的一份深切期许，我想这也许蕴涵着总理在人生的巅峰中沉淀的一份返璞归真的感悟。在今天的典礼后，每位同学都能获赠一份母校为你们准备的纪念品，是一本书，名叫《西部放歌》，写的是30位北大校友扎根西部、创业奉献的点滴事迹，相信你们读后对"仰望星空"与"脚踏实地"会有一些新的感悟。"仰望星空与脚踏实地"，今年的高考作文题目同学们已经不必再做，但经历过为新中国60周年庆典欢呼的北大学子，我有理由相信你们更能够感受到祖国的需要和召唤，我相信你们不仅拥有了一双属于自己的"隐形的翅膀"，你们更能够以坚定的信念，扎根基层，一步一个脚印，用人生的实践去写就一篇更加壮美的文章。

作为母校，总是希望你们每一个人在事业的征途上、在人生的攀登中，能够走得更远、攀得更高。但无论你们走得有多远、攀得有多高，我相信，燕园的湖光塔影会永远印刻在你们心中，而那象征着科学与民主、历经百年依然在北京老城区巍然屹立的北大红楼，仍然会是每一个北大人精神力量的源泉！

"红楼飞雪，一时英杰！"你们在低吟浅唱中怀念过往，并将在脚踏实地、挑战巅峰中继往开来！你们选定的是民族进步的方向，你们个人的发展机遇和国家的发展进步必然紧密相连。我相信，没有什么理由让你们徘徊，或者用你们常说的一个词叫"纠结"。我相信，但凡落在你们面前的挑战和机遇、责任和使命，你们每一个人要责无旁贷地以"秒杀"的精神和气势将其承担起来！

同学们，这就是我对"80后"的难以磨灭的深刻印象。但显然，你们给予我的感动还不仅仅如此。

就在前几天的毕业晚会上，很多参加D晚会的同学都在学生会的组织下写了一份毕业"心"书，把自己对老师、对同学、对母校最想说的心里话写到上面，有4位同学被抽中，作了现场告白。但是大多数人都没有这几位同学幸运。于是，我就从学生会那里拿到了其中的几份，此刻与大家分享。

第一份，写给计量课沈艳老师。

"尊敬的沈老师：您好。我是您计量课上的一名学生，很惭愧，第一次我并没有通过这门课程的学习。我曾经恳求过您给我调分，但您拒绝了，您的很多话给我留下了深刻的印象。您说我们现在还年轻，不能在人生的白纸上留下污点，否则就会影响将来人生道路上的很多事情。您在网络上分享您与女儿的小故事，给了我们很多启发。在即将毕业之际，真心希望您身体健康、工作顺利，不管学生以后走到哪里、干什么工作，都会记住您的教诲！学生：新宇。"

第二份，写给老地学楼216室朱彤教授。

"Hi，朱老师：在本科期间，从您和ZT Group的学长身上学到的知识和启迪最多，在此非常想向您说一声，感谢您一直以来的鼓励和教导，我从您严谨的治学态度和通达的处事态度上学到了很多。衷心祝您今后越来越牛，身体健康，万事如意！也希望您以后多保重身体！张悦00613102"

第三份，写给毕明辉老师。

"亲爱的小毕老师：非常喜欢上您的课，您的风趣幽默。有着独特的吸引力，我上您的课时总想发笑，觉得很与我们年轻人接轨。祝您的发型能一如既往地'潮'，我们永远爱您！您的学生：M&M。"

第四份，写给37楼的小薇。

"薇：我们在一起三年了，三年来有欢笑也有泪水，不过我们一起走过，并将执手继续走下去，直到老到哪儿也去不了。虽然我要毕业了，但是不管我到哪里，心都在你那里，就像风筝一样，线的那端牵在你手里。祝你接下来一年的大学时光顺顺利利，也祝我们的爱情地久天长。"

第五份，写给北大。

"我是一名韩国留学生，来北京大学，生活学习都很不容易。在北大的四年，认识了不少知心朋友，这都是北大给我带来的。谢谢北大，深爱北大！北大，你是我的第二故乡！"

第六份，也是写给北大。

"4年前，当我第一次走进这个园子的时候，青涩的样子至今还记在心头，而今当我即将走出这个园子的时候，我至少可以带上几分信心、几分希望、几分北大人所必须承担的责任昂然前行。北大教给我的，不仅仅是课堂与书本上的知识（当然这是最重要的之一），更有如何成为一名人格独立而完善的社会人的教育，如果有一天我已经不再记得那些繁复的理论和精辟的论述，但会永远记得老师和同学们带给我的一点一滴的感动。北大我爱你！北大是我永远的家！"

感恩的心，感动你我。读了这些朴实、纯真、发自肺腑的心里话，我想，此时此刻，已经不需要太多的语言。我只想请你们记得，你们留给我的点点滴滴的感动，我也将永远珍藏在心里！此时此刻，我希望和你们的老师、你们的父亲母亲一起见证这个伟大的时刻，为你们的成长欢呼喝彩、呐喊加油！同学们，让我们一起为毕业欢呼吧！未来属于你们！祝福你们！

（周其凤，我国著名化学家、教育家，中国科学院院士，北京大学校长。本文有删节）

人生是张AB面的唱片

前段时间，看了一本新书，著名国学大师季羡林之子季承写作的《我和父亲季羡林》，让人惊讶和愕然的是，那个在我们心中被顶礼膜拜的人师，到了儿子的笔下，竟是"一个人生的失败者，一个孤独、寂寞、吝啬、无情的文人"。

怀着困惑、不安、忐忑的情绪，一字一句阅读书上的那些散碎的故事。在华丽冠冕的光环之下，我吃惊地看到广大师的另一个侧面：孤僻、倔强、闪闭，近乎有着禁欲主义的理想主义者。学术上，大师严谨自律、精益求精，好像一个圣徒般虔诚而执着，就像一张唱片的A面，弘扬着励志奋斗的主旋律，是所有人都应该效仿和景仰的国学泰斗。而在唱片的另一面，面对生活，季先生又像一个懵懂怯弱、不谙世事的孩子。

虽然有妻子，可是，很早他就同她分离，即便后来有团聚，亦分室而居。凡夫俗子相濡以沫的情愫，季先生可能一生都未曾领略到那种好，他把更多的时间交给了书籍和文字。

虽然有儿子，可是，他从来没有亲过或者拉过儿子的手，甚至偶尔一次摸了孩子的头之后，立即去水缸里舀了一瓢水冲手。天伦之乐，似乎让季先生很惧怕，所以，他选择了疏离。

虽然有母亲，可是，季先生在母亲的暮年，和她的关系一直剑拔弩张。究其原因，竟是因为猫。季先生天性仁慈，只要看到流浪猫就会抱回家中。但是，有心爱却无力管，那些猫只能交给母亲或者妻子来管理。室小猫多，异味横生，家人不堪其扰，怨声载道。而季先生却不置一词，但凡见到，还是要捡。但凡捡来，必须要好生伺候。季承在书中写过一段父亲和猫的感情，大意是，季先生认为普天之下，只有猫和自己最亲，事实上，那些猫，也的确很依赖他。一家人都不堪"猫"累，自然对猫没有好脸于。唯独季先生，他从来只享受猫的乐趣，没有任何喂食或者洒扫的麻烦，和动物的感情自然是好的。

一个故事又一个故事地叙述下来，内心的敬仰其实依然在，但我的内心，更多涌动的却是一种悲恸和怜悯。是造化弄人还是性格使然，季先生这一生，声名显赫的背后，竟然如此落拓和孤独。

学术的丰盈能够永远愉悦一个圣人的灵魂吗？我不相信，因为圣人亦是血肉之躯。作为儿子，季承对父亲有怨言，我们可以理解。但是，在理解的同时，我又怅然，这个世界，有谁能真正体会季先生内心的苦。

那个孤独的老人，在漫长的黑暗中挣扎、涅槃，那些沉默和宁静的背后，是怎样的负累和忧伤？

放下书本，恰好看到一期电视访谈，影星陈道明谈到送女儿负笈海外时的叮嘱。他给了女儿三个要求：第一，要快乐；第二，要健康，因为健康是快乐的保障；第三，尽量学习好。在这个奉行杰出和成就的时代，陈道明对女儿的要求会让很多人哂笑：明星的女儿，自然不愁前途；一般人家的孩子，怎么可以这样？

但是，真的不可以吗？

人生如白驹过隙，一个独立的人活着的根本，是事业的成功，还是即便平凡也要快乐？

有一个很真实的例子。某省有一个天才儿童，13岁升入科技大学，曾轰动一时。当初，作为成功育子的典型，天才的妈妈曾做过演讲。她声称自己要求儿子从小到大只有一个目标，那就是当一个科学家。为了这个目标，孩子什么都不用管，甚至吃饭都要妈妈递到手里。小天才终于长大了，学业优异，毕业之后却无法找到工作。因为，饮食起居他一窍不通，待人接物更是一无所知。甚至，他无法恋爱，因为妈妈从小就告诉他女人是老虎。

在外人听来如同笑话的事实，那个天才却信以为真。这样的人，真正从象牙塔步入社会，怎会适应。纠结痛苦中，他选择了自杀。所幸最后遇到恩师，一点一滴重新引导、培养他的生活能力。最后，这个人才慢慢和生活接轨，但是，对母亲的痛恨却一直横亘在心上。他说："是她，毁了我的人生。"

人生是一张 AB 面的唱片，应该弘扬上进和勤奋，但是，无论 A

面多么功利和激动人心，我们也不要疏忽 B 面的婉转和清丽。这个世界之所以美好，不仅在于有高山险峻，更依赖于有低谷苍翠幽深。世间万物最忌讳的，不是平凡和弱小，而是内容的单一和乏味。术业专攻如此，耽于安乐亦如此。

在这篇文章即将结束的时候，网上蹿红了一条新闻：微软公司大中华地区剐总裁、开发合作部总经理柏尚杰辞掉了微软的工作，带着两个女儿和妻子，搬迁到贵阳黔南州惠水县白鸟河村，开办了一所盲校，专为视障者开展高层次的职业技能培训和完整的学历教育。

在写给微软的辞职信中，这位46岁的英国男人写了这样一句话：我很热爱微软的工作，们是，去贵州做慈善，在我看来，是比工作重要得多的事情。

我想，这样的活，可以触动很多人的灵魂。

（琴台）

卢安克的梦想航班

南非前总统曼德拉说过："如果你隐藏着自己，不敢让别人看到你如何做着自己所喜欢的事，别人就会认为，他们也不能做到。但如果你让他们看见，这就等于告诉他们可以像你一样去做自己喜欢的事，这等于解放了他们的愿望。这当然不是让他们和你做一样的事。而是启发每一个人去做最适合自己的、自己所愿意的事。"就是因为这句话，卢安克才愿意向人们公开自己的支教故事。

卢安克？1968年出生在德国汉堡，毕业于汉堡美术学院工业设计系。1990年的夏天，他在一次为期三个月的中国之旅中，发现中国偏僻山区的孩子因为师资缺乏得不到很好的教育，于是有了一个想法，准备到中国农村去义务支教。1992年，他选择来中国东南大学留学，1993年2月又转学到了广西农业大学。看了电影《一个都不能少》后，他更是发誓要成为电影中的老师。

1997年，卢安克又一次告别父母，搭上前往中国的航班，先在南宁的一所残疾人学校免费教德文，之后他又去了桂林阳朔、南京、马山等学校免费教书，当作支教前的"演练"。2001年，卢安克来到广西山区最贫穷的小县城之一东兰，在县里的一所中学义务教英语。因为他自己的中文都是从生活中学来的，所以他把自己的经验带到教学之中，上课时从不用课本，也不给学生进行测试。但这种做法显然不符合中国应试教育，期中考试后，他们班的英语成绩只有六个及格，20分的班级平均分更是史无前例，家长们对他的这种教学方法有很大的意见，卢安克只能主动选择离开。

2003年，卢安克来到了广西隘洞镇的一个村子，他在那里租了房子，招来一群经济条件很差、从来没有上过学的14-18岁的青少年，给他们免费授课。他原本想教他们怎么画地图，怎么修路——让从尝试改变生活环境的事情做起，但后来他发现：因为年龄太大，这些超龄学生连普通话都学不会，他的愿望根本无法实现。卢安克要梦想成真，还得从儿童开始。不久，他来到了要走五个小时山路的板烈小学义务给学生们上音乐、美术、自然等课程。一个外国人来到封闭落后贫穷的山村里教书却不要报酬，世上哪有这么好的事？人们都在猜测他肯定另有目的：有的说他可能是个特务，还有的说他是拐卖儿童的人贩子，甚至怀疑他是恋童癖——总之，人们对他心存戒备。因为，这里的人不太习惯一个没有目的的人。

卢安克了解到，板烈小学的学生有70%以上的孩子是留守儿童，有的父母甚至多年不回家，孩子们的心理有很大的缺陷。为了消除孩子的孤独感，他每个星期都会去不同的留守孩子家里住，轮流做他们身边的"大人"。他和他们一起玩，一起爬树、挖泥鳅、在泥地里打滚，和学生一起去放牛、干农活……他除了教孩子们各种知识，还常常组织学生做一些发挥想象力和创造性的设计工作，比如组织学生一起设计村里需要修建的桥，把生活中的事情当成学习机会，从环境的需要来传授知识。农村留守儿童因缺乏父母的管教，普遍都很"野"，喜欢在一起打架，而且是很容易伤害对方的打斗。为了改变这种状况，卢安克专门给孩子们写了一部叫《和平剑》的电视剧，让孩子们在里面扮演角色，让他们在镜头中明白野蛮和打斗的危害。

2004年，卢安克经历了一次不幸。有一天半夜返回山村的时候，他坐的农用车轮子突然脱落，车子从几十米的山坡翻滚而下，卓上有一个人当场就死亡了。在只差两米就要掉入江水河的时候，卢安克被一棵巨大的树挡住了，受了重伤。贫穷的小山村里，没有好的医疗条件，村民们只能用一些土方为他治疗，经过好几个月，他才恢复过来。要是一般人肯定承受不了，最终会选择离开，但他反而因为这次车祸和"救了自己一命"的村民们感情更深了，再也舍不得离开这里。再后来，在他的带动下，村民们共同修筑了连接各家各户的水泥小路。一个外国人的执着感动了无数的人．有人推荐卢安克参加感动中国人物评选，他吓坏了，赶紧给评选委员会写信，让评委别选他。他在信中无比真减地说："一直是中国感动我，而不是我感动中国。我也没想过要感动中国。"

直到2010年上半年结束，卢安克从来没有拿过一分钱工资，从来没有接受过中国任何个人或组织的金钱资助，他还把自己翻译的大量教育书籍的稿费全部捐给了慈善机构，他的全部生活费用？都是来自父母每年寄给他的5000元人民币，现在四十多岁了，还没有恋爱结婚、小仪如此，依常人的眼光来看，卢安克的全家都是"怪人"：他有一个双胞胎哥哥，是国际绿色和平组织的志愿者；而他的妹妹，在非洲纳米比亚教书，他们都没有常人所理解的正常工作。而且，卢安克的家境既不显赫也不富裕，他的父亲是一个退休教师，母亲是一个家庭主妇。

遵从内心的喜欢，无门的地生活，这是飞翔在我们每个人心里的快乐航班。忘记功利吧，就像卢安克来到中国前，他父亲鼓励他的那样："孩子，只要你喜欢，就勇敢地上登上你的梦想航班吧。尤目的地生活是一个人最容易抵达的成功，闲为，你会从叫，找到一个人最持久的快乐。"

（粮晓燕）

记　忆

亲爱的2010届毕业生们：

你们好！

首先，为你们完成学业并即将踏上新的征途送上最美好的祝愿。

同学们，在华中科技大学的这几年里，你们一定有很多珍贵的记忆。

你们真幸运，国家的盛世如此集中相伴在你们大学的记忆中。2008年北京奥运会留下的记忆，不仅是金牌数的第一，不仅是开幕式的华丽，更是中华文化的魅力和民族向心力的显示；六十年大庆留下的记忆，不仅是领袖的挥手，不仅是自主研制的先进武器，不仅是女兵的微笑，不仅是队伍的威武整齐，更是改革开放的历史和旗帜的威力；世博会留下的记忆，不仅是世博之夜水火相融的神奇，不仅是中国馆的宏伟，不仅是异国场馆的浪漫，更是中华的崛起、世界的惊异。你们一定记得某国总统的傲慢与无礼，你们也让他记忆了你们的不屑与蔑视、同学们，伴随着你们大学记忆的一定还有"什锦八宝饭"等新词，它将永远成为世界新的记忆。

　　近几年，国家频发的灾难一定给你们留下了深刻的记忆。汶川的颤抖，没能抖落中国人民的坚强与刚毅；玉树的摇动，没能撼动汉藏同胞的齐心与合力；留给你们记忆的不仅是大悲的哭泣，更是大爱的洗礼；西南的干旱或许使你们一样感受渴与饥，留给你们记忆的，不仅是大地的喘息，更是自然需要和谐、发展需要科学的道理。

　　在华中大的这几年，你们会留下一生中特殊的记忆、你一定记得刚进大学的那几分稚气，父母亲人送你报到时的历历情景：你或许记得"考前突击而带着忐忑不安的心情走向考场时的悲壮"，你也会记得取得好成绩时的欣喜；你或许记得这所并无悠久历史的学校不断追求卓越的故事；你或许记得裘法祖院士所代表的同济传奇以及大师离去时同济校园中弥漫的悲痛与凝重气息：你或许记得人文素质讲堂的拥挤，也记得在社团中的奔放与随意；你一定记得骑车登上"绝望坡"的喘息与快意；你也许记得青年园中令你陶醉的发香和桂香，眼睛湖畔令你流连忘返的圣洁或妖娆；你或许记得"向喜欢的女孩表白被拒时内心的煎熬"，也一定记得那初吻时的如醉如痴。

　　可是，你是否还记得强磁场和光电国家实验室的建立？是否记得创新研究院和启明学院的耸起？是否记得为你们领航的党旗？是否记得人文讲坛上精神矍铄的先生叔子？是否记得倾听你们诉说的在线的"张妈妈"？是否记得告诉你们捡起路上树枝的刘玉老师？是否记得应立新老师为你们修改过的简历，但愿它能成为你们进入职场的最初记忆同学们，华中大校园里，太多的人和事需要你们记忆。

请相信我，日后你们或许会改变今天的某些记忆瑜园的梧桐，年年飞絮成"雨"，今天或许让你觉得如淫雨霏霏，使你心情烦躁、郁闷。日后，你会觉得如果没有梧桐之"雨"，瑜园将缺少滋润，若没有梧桐的遮盖，华中大似乎缺少前辈的庇荫，更少了历史的沉积。你们一定还记得，学校的排名下降使你们生气，未来或许你会觉得"不为排名所累"更体现华中大的自信与定力。

我知道，你们还有一些特别的记忆。你们一定记住了"俯卧撑""躲猫猫""喝开水"，从热闹和愚蠢中，你们记忆了正义；你们记住了"打酱油"和"妈妈喊你回家吃饭"，从麻木和好笑中，你们记忆了责任和良知；你们一定记住了姐的狂放、哥的犀利，未来有一天，或许当年的记忆会让你们问自己，曾经是姐的娱乐，还是哥的寂寞？

亲爱的同学们，你们在华中科技大学的几年给我留下了永恒的记忆。我记得你们为烈士寻亲千里，记得你们在公德长征路上的经历；我记得你们在各种社团的骄人成绩；我记得你们时而感到"无语"时而表现都焦虑；记得你们为中国的"常青藤"学校中无华中大一席而灰心丧气；我记得某些同学为"学位门"、为光谷同济医院的选址而愤激；我记得你们刚刚对我的呼喊："根叔，你为我们做了什么？"——是啊，我也得时时拷问自己的良心，到底为你们做了什么？还能为华中大学子做什么？

我记得，你们都是小青年；我记得"吉丫头"，那么平凡，却格外美丽；我记得你们中间的胡政在国际权威期刊上发表多篇高水平论文，创造了本科生参与研究的奇迹；我记得"校歌男"，记得"选修课王子"，同样是可爱的孩子。我记得沉迷于网络游戏甚至濒临退学的学生与我聊天时目光中透出的茫然与无助，他们还是华中大的孩子，他们更成为我心中抹不去的记忆我记得你们的自行车和热水瓶常常被偷，记得你们为抢占座位而付出的艰辛；记得你们在寒冷的冬天手脚冰凉，记得你们在炎热的夏季彻夜难眠；记得食堂常常让你们生气，我当然更记得自己说过的话："我们绝不赚学生一分钱。"也记得你们对此言并不满意。但愿华中大尤其要有关于校园丑陋的记忆。只要我们共同记忆那些丑陋，总有一天，我们能将丑陋转化成美丽。

同学们，你们中的大多数人，即将背上你们的行李，甚至远离。请记住，最好不要再让你们的父母为你们送行"面对岁月的侵蚀，你们的烦恼可能会越来越多，考虑的问题也可能会越来越现实，角色的转换可能会让你们感觉到有些措手不及。"也许你会选择"胶囊公寓"，或者不得不蜗居，成为蚁族一员没关系，成功更容易光顾磨难和艰辛，正如只有经过泥泞的道路才会留下脚印。请记住，未来你们大概不再有批评上级的随意，同事之间大概也不会有如同学之间简单的关系；请记住，别太多地抱怨，成功永远不属于整天抱怨的人，抱怨也无济于事；请记住，别沉迷于世界的虚拟，还得回到社会的现实；请记住，"敢于竞争，善于转化"，这是华中大的精神风貌，也许是你们未来成功的真谛；请记住，华中大，你的母校，"什么是母校？就是那个你一天骂她八遍却不许别人骂的地方。"

亲爱的同学们，也许你们难以有那么多的记忆。如果问你们关于一个字的记忆，那一定是"被"、我知道，你们不喜欢"被就业""被坚强"，那就挺直你们的脊梁，挺起你们的胸膛，自己去就业，坚强而勇敢地到社会中去闯荡。

亲爱的同学们，也许你们难以有那么多的记忆，也许你们很快就会忘记根叔的唠叨与琐细尽管你们不喜欢"被"，根叔还是想强加给你们一个"被"：你们的未来"被"华中大记忆！

（李培根）

我们为什么要学文史哲

同学们：

今天之所以愿意来跟法学院的同学谈谈人文素养的必要，我来的原因很明白：你们将来很可能影响社会。但是昨天我听到另一个说法。我的一个好朋友说："你确实应该去台大法学院讲人文素养，因为这个地方出产最多危害社会的人。"25年之后，当你们之中的诸君变成社会的领导人时，我才72岁，我还要被你们领导，受你们影响。所以"先下手为强"，今天先来影响你们。（笑声）人文是什么呢？我们可以暂时接受一个非常粗略的分法，就是"文、史、哲"三个大方向。先谈谈文学，指的是最广义的文学，包括文学、艺术、美学。

为什么需要文学？了解文学、接近文学，对我们形成价值判断有什么关系？如果说，文学有一百种所谓功能，而我必须选择一种最重要的，我的答案是：德文有一个很精确的说法，machtsichtbar，意思是"使看不见的东西被看见"。在我自己的体认中，这就是文学跟艺术的最重要、最实质、最核心的一个作用。我不知道你们这一代人熟不熟悉鲁迅的小说？没有读过鲁迅的请单一下手。（约有一半人举手）鲁迅的短篇《药》，或者说《祝福》里的祥林嫂，让我们假想，如果你我是生活在鲁迅所描写的那个村子里头的人，那么我们看见的、理解的会是什么呢？祥林嫂，不过就是一个让我们视而不见或者绕道而行的疯子。而在《药》里，我们本身可能就是那一大早去买馒头，等看人砍头的父亲或母亲，就等着要把那个馒头泡在血里，来养自己的孩子。再不然，我们就是那小村予里头最大的知识分子，一个口齿不清的秀才，大不了对农民的迷信表达一点儿不满。

但是透过作家的眼光，我们和村子里的人就有了艺术的距离。在《药》里头，你不仅只看见愚昧，你同时也看见愚昧后面人的生存状态，看见人的生存状态中不可动摇的无可奈何与悲伤。在《祝福》里头，你不仅只看见贫穷粗鄙，你同时看见贫穷下面"人"作为一种原型最值得尊敬的痛苦。文学，使你"看见"。

假想有一个湖，湖里当然有水，湖岸上有一排白杨树，这一排白杨树当然是实体的世界，你可以用手去摸，感觉到它树干的凹凸的质地。这就是我们平常理性的现实的世界，但事实上有另外一个世界，我们不称它为"实"，甚至不注意到它的存在。水边的白杨树，不可能没有倒影，只要白杨树长在水边就有倒影。而这个倒影，你摸不到它的树干，而且它那么虚幻无常：风吹起的时候，或者今天有云，下小雨，或者满月的月光浮动，或者水如镜面，而使得白杨树的倒影永远以不同的形状、不同的深浅、不同的质感出现，它是破碎的，它是回旋的，它是若有若无的。但是你说，到底岸上的白杨树才是唯一的现实，还是水里的白杨树才是唯一的现实？然而在生活里，我们通常只活在一个现实里头，就是岸上的白杨树那个层面，手可以摸到、眼睛可以看到的层面，而往往忽略了水里头那个空的、那个随时千变万化的、那个与我们的心灵直接观照的倒影的层面。文学，只不过就是提醒我们：除了岸上的白杨树外，有另外一个世界可能更真实存在，就是湖水里头那白杨树的倒影。

哲学是什么？我们为什么需要哲学？

欧洲有一种迷宫，是用树篱围成的，非常复杂。你进去了就走不出来。不久前，我还带着我的两个孩子在巴黎迪士尼乐园里走那么一个迷宫。进去之后，足足有半个小时出不来，但是两个孩子倒是有一种奇怪的动物本能，不知怎么的就出去了，站在高处看着妈妈在里头转，就是转不出去。

我们每个人的人生处境，当然是一个迷宫，充满了迷惘和惶恐，没有人可以告诉你出路何在。我们所处的社会，何尝不是处在一个历史的迷宫里，每一条路都不知最后通向哪里。就我个人体认而言，哲学就是：我在绿色的迷宫里找不到出路的时候，晚上降临，星星出来了，我从迷宫里抬头往上看，可以看到满天的星斗。哲学，就是对于星斗的认识，如果你认识了星座，你就有可能走出迷宫，不为眼前障碍所惑，哲学就是你望着星空所发出来的天问。

今天晚上，我们就来读几行《天问》吧。两千多年以前，屈原站在他绿色的迷宫里，仰望满天星斗，脱口而出这样的问题。他问的是，天为什么和地上下相合；12个时辰怎样划分？日月附着在什么地方？28个星宿根据什么排列？为什么天门关闭，为夜吗？为什么天门张开，为昼吗？角宿值夜，天还没有亮，太阳在什么地方隐藏？基本上，这是一个三岁的孩子，眼睛张开第一次发现天上这闪亮的碎石子的时候所发出来的疑问，非常原始。因为原始，所以深刻而巨大，所以人对这样的问题无可回避。

掌握权力的人，和我们一样在迷宫里头行走，但是权力很容易使他以为自己有能力选择自己的路，而且还要带领群众往前走，而事实上，他可能既不知道他站在什么方位，也不知道这个方位在大格局里有什么意义；他既不清楚来的走的是哪条路，也搞不明白前面的路往哪里去；他既未发觉自己深处迷宫中，更没发觉，头上就有纵横的星图。这样的人，要来领导我们的社会，实在令人害怕。其实，所谓走出思想的迷宫，走出历史的迷宫，在西方的历史里头，已经有特定的名词，譬如说，18世纪的启蒙。所谓启蒙，不过就是在绿色的迷宫里头，发觉星空的存在，发出天问，思索出路，走出去。对于我，这就是启蒙。所以，哲学使我们能借着星光的照亮，摸索着走出迷宫。

我把史学放在最后。历史对于价值判断的影响，好像非常清楚。鉴往知来，认识过去以测未来，这话都已经说滥了。我不大会用成语，所以试试另外一个说法。

一个朋友从以色列来，给我带了一朵沙漠玫瑰。沙漠里没有玫瑰，但是这个植物的名字叫作沙漠玫瑰。拿在手里，是一把干草，真正的枯萎，干的死掉的草，这样一把，很难看。但是他要我看说明书。说明书告诉我，这个沙漠玫瑰其实是一种地衣，针叶型，有点像松枝的形状。你把它整个泡在水里，第八天它会完全复活。把水拿掉的话，它又会渐渐干枯，枯干如沙。把它再藏个一年两年，然后哪一天再泡在水里，它又会复活。这就是沙漠玫瑰。

好，我就把这团枯干的草，用一个大玻璃碗盛着，注满了清水，放在那儿。从那一天开始，我跟我两个宝贝儿子，就每天去探看沙漠玫瑰怎么样了。第一天去看它，没有动静，还是一把枯草浸在水里头，第二天去看的时候发现，它有一个中心，这个中心已经从里头往外头稍稍舒展了，而且有一点儿绿的感觉，还不是颜色。第三天再去看，那个绿的模糊感觉已经实实在在是一种绿的颜色，松枝的绿色，散发出潮湿青苔的气味，虽然边缘还是干死的。它把自己张开，已经让我们看出了它真有玫瑰形的图案。每一天，它核心的绿意就往外扩展一寸。我们每天给它加清水，到了有一天，那个绿色已经渐渐延伸到它所有的手指，层层舒展开来。第八天，当我们去看沙漠玫瑰的时候，刚好我们一个邻居也在，他就跟着我们一起到厨房里去看。这一天，展现在我们眼前的是完整的、丰润饱满、复活了的沙漠玫瑰！我们三个疯狂大叫出声，因为大快乐了，我们看到一朵尽情开放的浓绿的沙漠玫瑰。

这个邻居在旁边很奇怪地说，这一把杂草，你们干什么呀？我愣住了。

是呀，在他的眼中，它不是玫瑰，它是地衣呀！你说，地衣再美，能美到哪里去呢？他看到的就是一把挺难看、气味潮湿的低等植物，搁在一个大碗里。也就是说，他看到的是现象的本身定在那一个时刻，是孤立的，而我们所看到的是现象和现象背后一点一滴的线索，辗转曲折、千丝万缕的来历。

于是，这个东西在我们的价值判断里，它的美是惊天动地的，它的复活过程就是宇宙洪荒初始的惊骇演出。我们能够欣赏它，只有一个原因：我们知道它的起点在哪里。知不知道这个起点，就形成我们和邻居之间价值判断的南辕北辙。

对历史的探索势必要迫使你回头去重读原典，用你现在比较成熟的、参考系比较广阔的眼光。重读原典使我对自己变得苛刻起来。有一个作家在欧洲一个国家的餐厅吃饭，一群朋友高高兴兴地吃饭，喝了酒，拍拍屁股就走了。离开餐馆很远了，服务生追出来说："对不起，你们忘了付账。"作家就写了一篇文章大大地赞美欧洲人民族性多么地淳厚，没有人怀疑他们是故意白吃的。要是在咱们中国的话，吃饭忘了付钱人家可能要拿着菜刀出来追你的。

文学、哲学跟史学：文学让你看见水里白杨树的倒影；哲学使你在思想的迷宫里认识星星，从而有了走出迷宫的可能；那么历史就是让你知道，沙漠玫瑰有它的特定起点，没有一个现象是孤立存在的。

素养跟知识有没有差别？当然有，而且有着极其关键的差别。我们不要忘记，纳粹头子很多会弹钢琴、有哲学博士学位。这些政治人物难道不是很有人文素养吗？我认为，他们所拥有的是人文知识，不是人文素养。知识是外在于你的东西，是材料、是工具、是可以量化的知道。必须让知识进入人的认知本体，渗透他的生活与行为，才能称之为素养。人文素养是在涉猎了文、史、哲学之后，更进一步认识到，这些人文"学"到最后都有一个终极的关怀，对人的关怀。脱离了对人的关怀，你只能有人文知识，不能有人文素养。

于是又回到今天谈话的起点。你如果看不见白杨树水中的倒影，不知道星空在哪里，同时没看过沙漠玫瑰，而你是政治系毕业的，25年之后，你不知道文学是什么、哲学是什么、史学是什么，或者说，更糟的，你会写诗、会弹钢琴、有哲学博士学位同时却又迷信自己、崇拜权力，那么拜托你不要从政吧！

25年之后，我们再来这里见面吧。那个时候我坐在台下，视茫茫发苍苍、齿牙动摇。意气风发的候选人坐在台上。我希望听到的是你们尽其所能读了原典之后对世界有自己的心得，希望看见你们如何气魄开阔、眼光远大地把我们这个社会带出历史的迷宫。

（龙应台）

咬不断的心弦

  1969年，朱之文出生在山东菏泽单县郭村镇朱楼村一个贫苦的农民家庭里。在兄妹七人中朱之文是最小的。朱之文爱唱歌，他的理想是当一名歌唱家。可是命运之神似乎不给朱之文这个机会。10岁那年父亲去世，朱之文被迫辍学。但他没有灰心，他坚定不移地向着梦想迈进。他要上学，他要学习唱歌。但是这对于他来说似乎是不可能的。为了生存，幼小的他不得不参加生产劳动。

  朱之文为生产队捡粪挣工分。他提着粪篮子，常常在学校外面偷听老师教学生唱歌。听到高兴处，朱之文便跟着教师里的学生一起唱。老师发现了他，第一次、第二次、第三次……有一次，天下起了大雨。朱之文的衣服已经被大雨淋湿了，可是他全然不知，依然专注地跟着老师学习歌唱。老师被感动了，把朱之文叫进了教室里。老师让朱之文给大家唱一首歌：朱之文唱了——他唱的是《红星照我去战斗》。朱之文宽厚而又嘹亮的歌喉震撼了同学，也感染了老师，赢得了阵阵掌声。此后，老师便教朱之文唱歌，教他学习简谱。朱之文天生聪慧，一点就通。很快，朱之文已经把这位小学音乐教师的本领全学会了。

他不满足，他希望自己能唱出像收音机里歌唱家一样美丽的声音。可是在那个时候，收音机可不是一般人家能有的。不过这并不能阻止他对音乐的热爱。村支书家有一台收音机，只要收音机一响，朱之文就会立即停下手里的活儿，跑过去听。在捡粪的时候，朱之文就把听来的歌曲反复地唱，反复地练习。虽然朱之文记忆的歌词与原词有些出入，但是他已经唱得像模像样了。一天，一位收购废品的亲戚给了朱之文一本民歌简谱，这是亲戚在收购废品的时候收到的。亲戚知道朱之文喜欢歌唱，就送给朱之文。朱之文如获至宝。他用小学老师交给他的简谱知识试着学习这些歌曲，很快，他就能唱出更多的歌曲了。

朱之文在歌唱中慢慢长大，歌唱给朱之文带来了欢乐，却不能改变他贫穷的境遇。他最大的愿望就是能拥有一架琴，哪怕是相对便宜的电子琴也可以。可是一台最便宜的电子琴也需要200多元。这对于朱之文来说简直就是一个天文数字。朱之文狠狠心，用一头半大不小的猪换回了一台破旧的电子琴。电子琴虽然旧，但是依然能发出美妙的音符。朱之文无师自通，经过一段时间的摸索，居然能够弹出乐章了。他一边弹着琴，一边跟着琴声学唱。

正当他沉浸在快乐里时，不幸的事情发生了。一个农闲时节，朱之文随村里的建筑队到外村建房。当他回到家的时候，他家那头羊竟然挣断绳索，闯进了他的小屋，正在用脚、嘴扒啃他那架心爱的电子琴。等朱之文把羊轰出屋,才发现他那架心爱的电子琴琴弦已经被羊啃断了。

琴弦断了,但他对音乐的追求没有断。这以后,他用手机从电视上把一些歌曲的伴唱带录制下来,跟着手机里的音乐唱。他一边唱,一边对着镜子观看自己的口型,不断地矫正发音。

功夫不负有心人。2011年,在山东综艺频道《我是大明星》选秀比赛中,一曲《滚滚长江东逝水》技惊四座,其点击率迅速攀升——成为百度第一人。由于参加比赛的时候,朱之文穿着一件军大衣,网友们亲切地称他为"大衣哥"。朱之文出名后,著名歌唱家于文华送给他一架电钢琴,圆了朱之文的一个梦。

而朱之文也越来越红,相继走进了湖南卫视《快乐大本营》、北京卫视《欢乐英雄》、央视《星光大道》等全国著名综艺栏目。2012年初,朱之文参加了央视春节联欢晚会,演唱了著名作曲家王咏梅、词作家车行专门为他量身打造了一首歌曲《我要回家》——这是朱之文拥有的第一首首唱歌曲。当他那雄浑宽厚而又美丽动情的歌声响起的时候,台下传来了阵阵掌声,同时,也感动了亿万观众。

朱之文虽然经历了丧父、辍学的不幸,甚至用一头猪换来的电子琴也被羊啃断了琴弦。可是琴弦虽然断了,朱之文的心弦没有断,他对音乐的追求没有断。须知道,无论什么事儿,只要坚持不懈地追求,就一定有望成功。

(杨金华)